엑스맨 주식회사

돌연변이와 '과학'하세요

ⓒ 권태균, 김덕근 2020

초판 1쇄   2020년 9월 21일

지은이   권태균, 김덕근

출판책임	박성규	펴낸이	이정원
편집주간	선우미정	펴낸곳	도서출판 들녘
디자인진행	한채린	등록일자	1987년 12월 12일
편집	이수연·김혜민·이동하	등록번호	10-156
본문삽화	성수	주소	경기도 파주시 회동길 198
디자인	김정호	전화	031-955-7374 (대표)
마케팅	전병우		031-955-7381 (편집)
경영지원	김은주·장경선	팩스	031-955-7393
제작관리	구법모	이메일	dulnyouk@dulnyouk.co.kr
물류관리	엄철용	홈페이지	www.dulnyouk.co.kr

ISBN	979-11-5925-580-9 (44400)	CIP	2020037499
	979-11-5925-556-4 (세트)		

이 도서의 국립중앙도서관 출판예정도서목록(CIP)은
서지정보유통지원시스템 홈페이지(http://seoji.nl.go.kr)와
국가자료공동목록시스템(http://www.nl.go.kr/kolisnet)에서 이용하실 수 있습니다.

값은 뒤표지에 있습니다. 잘못된 책은 구입하신 곳에서 바꿔드립니다.

닥터스코의
캡틴사이언스

엑스맨
주식회사

과학자 닥터 스코, 수의사 김덕근 지음

푸른들녘

당신이 바로 'THE ONE'입니다

이 세상은 인간들의 손에 휘둘려 아름다움을 잃어버린 지 오래되었습니다. 나는 세상의 아름다움을 다시 찾고자 남들이 하지 않는 일을 해 보기로 결심했습니다. 바로 이 세상의 먹이 사슬 시스템을 다시 만드는 일입니다. 최상위 포식자라며 으스대는 인간들 위에 또 다른 포식자들이 배치된다면 인간들은 그야말로 멘탈 붕괴 상태에 빠질 테고, 어떻게든 살아남기 위해 다른 종족과 공생하려고 노력하지 않을까요? 지금까지 자연의 흐름을 따르지 않은 채 '나 홀로 노선'을 꾸려 가던 인간들에게도 분명 새로운 전환점이 될 것입니다. 인간이 등장하기 이전으로 돌아갈 수 없다면 인간과 대등한 힘을 가진 집단을 키워 내는 길만이 지구상에 아름다움을 다시 선사할 수 있는 유일한 방법일 것입니다.

나는 나와 같은 처지에 있는 동지들을 모아 내 꿈을 실현해 보려고 합니다. 한때는 인간들 틈에 끼어 살기를 희망했지만 현실의 벽에 부딪혀 괴물 취급을 받고 있는 존재들, 바로 돌연변이들과 함께 세상을 뒤바꾸는 대업을 시작하려 합니다.

어느 부류의 돌연변이든 관계없습니다. 인간과의 공생을 꿈꾸는 부류에 속하든, 인간들 위에 올라서고 싶어 하든, 목적이나 방식을 가지고 이러쿵저러쿵 하지 않겠습니다. 개인의 성향에 달린 문제니까요. 다만 나와 같은 꿈을 꾸는 돌연변이라면 누구든 환영입니다. 모쪼록 나와 함께 '엑스맨 주식회사'의 미래를 이끌어 갈 인재가 되어 주시기 바랍니다.

'능력이 좀 별로인데 합격이 될까?' '보나마나 경쟁률이 높을 텐데 서류전형에서 탈락하는 거 아냐?' 하는 쓸데없는 걱정은 하지 마세요. 여러분 모두 '엑스맨 주식회사'와 함께할 수 있는 충분한 능력자입니다. 뜨거운 의지만 보여 주세요. 준비는 우리가 합니다. 이력서는 자유 양식입니다. 본인의 소신과 능력을 최대한 어필할 수 있도록 써 주시면 내부 심사를 통해 적절한 부서에 배치하겠습니다.

기억하십시오. 우리 돌연변이들은 평범한 인간들과 함께 동등하게 살아가는 존재입니다. 동지들이여! 여러분은 노예가 아닙니다. 어둠 속을 헤매는 삶은 이제 그만! 지금은 힘을 합칠 때입니다. 자만심으로 똘똘 뭉친 인간들에게 본때를 보여 줍시다.

여러분과 함께 보다 높이 날아갈 그날을 기다리며

엑셀시오르(Excelsior)!

돌연변이들이여, 주저 말고 지원하라!

닥터 스코

차 례

SEQUENCE 1

전자기 세상의 지배자 매그니토

SEQUENCE 2

마인드 콘트롤러 프로페서 엑스(X)

피부 재생 능력자 울버린

은신과 속임수의 마법사 미스틱

천재 유전 과학자 비스트

SEQUENCE 6

천연 레이저 공격의 선구자 사이클롭스

SEQUENCE 7

대기 흐름의 컨트롤러 스톰

SEQUENCE 8

음파 변환의 절대 능력자 밴시

SEQUENCE 9

불멸의 돌연변이 세이버투스

엑스맨 주식회사(뮤턴트 센터)
과학기술인 경력 채용 지원

"과학적인 마인드를 탑재한 뮤턴트들로 구성된 글로벌 비즈니스 센터"

과학을 매개로 뮤턴트와 인간 사이의 가교 역할을 하고, 비즈니스 전 영역에 걸쳐 일류 뮤턴트 리더들을 양성하는 센터입니다. 모든 과학 분야가 기반이 된 차세대 교육 인프라를 구축하고 인간의 우위에 설 수 있는 비즈니스 플랫폼을 마련합니다.

⊙ 기술 분야

(1) 운영 담당: 우수 인력 채용 및 업무 적합성 평가, 과학 기반의 신사업 발굴, 인간과의 정기적인 교류 모임 주최, 뮤턴트 이미지 개선을 위한 활동 계획

(2) 교육 담당: 비즈니스와 연관된 과학 분야 탐색, 인간계의 과학 기술 수준 파악, 과학 교육 프로그램 설계, 정기 학술회 개최를 통한 지식 교류, 공격적인 뮤턴트의 교화 활동

(3) 의료 담당: 업무상 상해를 입은 부상자 치료, 심리 상담, 외부 의료진과의 정기 기술 교류회 개최, 산업재해 처리 및 피해 보상

(4) 보안 담당: 인간계의 과학 기술 정보 수집, 내부 정보 관리, 경찰과의 협력체 운영, 과학 수사, 스파이 활동

(5) 실무 담당: 부서 간 협력 및 중재를 위한 활동, 현장 파견, 긴급 업무 수행, 운영진의 부재 시 대리 역할 수행

⊙ 모집 분야

경력 채용
관련 업무 수행 경험이 있는 신입 채용
인턴/장학생

⊙ 문의처

엑스맨 주식회사(뮤턴트 센터) 인사 채용 담당자
닥터스코(doctorsco84@gmail.com)

수험표

성명	매그니토
특징	전자기 지배

전자기 세상의 지배자
매그니토

SCENE 01
나는 돌연변이들의 왕입니다

무늬만 차가운 남자 매그니토

안녕하세요, 매그니토입니다. 원래 이름은 막스 아이젠하르트(Max Eisenhardt)지만 빌려 쓰는 이름인 에릭 매그너스 렌셔(Erik Magnus Lehnsherr)라고 불러도 괜찮아요. 가족으로는 아들 하나 딸 하나가 있는데요, 그들이 바로 막시모프 쌍둥이 남매입니다. '스칼렛 위치'와 '퀵 실버'라는 별명으로 더 유명하지요. 아이들의 엄마가 임신 중에 돌연 나를 떠나는 바람에 남의 손에서 자랐지만 엄연히 나 매그니토의 유전자를 물려받은 자랑스러운 돌연변이죠.

어떤 공부를 했냐고요? 요즘엔 중학교 고등학교 대학교…… 이렇게 차례차례 학교에 간다더군요. 하지만 저에겐 꿈같은 이야기입니다. 다행인지 불행인지 나의 교육 센터는 여러분이 상상하는 그런 식의

🔺 나치 강제 수용소 중 하나인 폴란드 루블린의 소비보르 수용소 전경(1943)

학교가 아니라 나치 강제 수용소였습니다. '2147825'라는 일곱 자리 숫자 외에 특별히 이름으로 불린 기억도 없어요. 하지만 그곳에도 선후배는 있었습니다. 선배가 무려 2147824명이나 되었고, 후배들도 셀 수 없을 만큼 많았습니다. 수용소도 학교로 쳐준다면 나는 지구상에서 가장 큰 규모의 학교를 졸업한 셈입니다.

나는 이 회사를 키울 적임자다

나는 미국의 흑인 인권운동가인 말콤 엑스(Malcolm X, 1925~1965)를 존경합니다. 내 이상형이에요. 호모 사피엔스 종 가운데서 내가 유일하게 우러러 보는 인물인데, 근거도 없이 잘났다고 주장하는 백인들에게 소신을 굽히지 않았던 당당함이 어린 나에게 매우 인상적이었기 때문입니다. 그는 어렸을 때 변호사가 되기를 꿈꾸었지만 학창 시절 무참히 꿈을 짓밟혔다고 해요. 그래서일까요? 청년이 된 그는 백인들이 준 성씨인 '리틀'을 과감하게 던져 버리고, 아프리카 어딘가에 있을 미지의 조상이 자신의 혈육임을 만천하에 알리겠다는 큰 뜻을 품고 새로운 성씨인 '엑스(X)'를 택했다고 합니다.

'알 수 없는' '미지의'라는 의미를 담은 그의 성씨를 보고 있자니 내 마음속에서 뭔가 꿈틀거리는 게 느껴졌습니다. 하지만 나는 부모가 준 성씨를 버리기 싫었습니다. 그분들은 내 곁을 떠나기 직전까지 나를 사랑으로 보듬어 준 유일한 혈육이니까요. 다른 지원자들의 부모와 달리 내 부모는 자신의 유일한 혈육이 돌연변이라는 사실을 알았지만 결코 밀쳐 내지 않았습니다. 오히려 죽는 순간까지도 나를 응원했어요. "넌 할 수 있어. 내 아들은 저 독일놈들이 원하는 바를 충분히 이뤄낼 수 있어. 난 널 믿어." 하면서요.

말콤 엑스는 분명 나와 결이 다릅니다. 그러나 그가 남긴 행적들이 나에게 큰 교훈을 줬다는 사실만큼은 변하지 않아요. 특히 그가 **네이션**

> **엑 스 파 일**
>
> 네이션 오브 이슬람(Nation of Islam)은 미국에서 이슬람교 선교 활동을 하는 사람들입니다. 원래는 흑인만을 회원으로 받아들이고 흑인과 백인의 분리를 주장했어요. 그러나 1975년부터 인종에 관계없이 회원을 받아들였습니다. 맬컴 엑스와 무하마드 알리가 이 조직에 참여했습니다.

오브 이슬람에 몸 담았다는 것을 나는 정말 중요하게 생각합니다. 그의 선택을 받은 종교 단체는 참으로 운이 좋았던 것 같아요. 500명에 지나지 않던 소규모 집단이 10년 만에 25,000명에 이르는 대규모 단체로 거듭났으니 말입니다. '엑스맨 주식회사'도 나와 함께한다면 분명 거대한 무장 단체로 탈바꿈하게 될 것입니다. 나에게는 이 회사를 키울 만한 능력이 있거든요. 우리 돌연변이들의 절멸만 바라는 인간 종에게 대항하려면 나와 같은 인재가 반드시 있어야 하지 않을까요?

오로지 너 자신만 사랑하라!

나는 수용소에서 많은 책을 읽었습니다. 그 책들의 대부분은 주인공이 동일했습니다. 바로 말콤 엑스죠. 나는 그가 했던 말들을 모두 기억하고, 또 영혼에 새겨 넣었습니다. 수많은 말이 있었지만 단 두 가지만 추려서 나의 좌우명으로 삼았습니다.

"원수를 사랑하라는 것은 미친 생각이다. 원수를 사랑하는 것보다 차라리 자신을 사랑하는 게 낫다."

"자신에게 굴욕을 주는 사람을 사랑하는 것이 인생의 주된 목표인 사람은 정상적인 인간이 아니다. 또한 자신의 생명을 방어하지 않는 자는 사람일 수가 없다."

우리가 평소에 추구하는 도덕적인 모습과는 정반대의 길을 가고 있는 말콤 엑스. 다소 과격한 표현임에는 틀림없지만 당시 내가 처해

진 상황에서는 충분히 공감할 수 있는 것들이었죠. 여러분도 잘 알다시피 나는 도덕적인 성격의 소유자가 아닙니다. 오히려 소위 말하는 '빌런'에 가깝다고 할 수 있지요. 인정합니다. 평범한 인간의 입장에서 본다면 나는 빌런입니다. 하지만 우리 돌연변이 입장에서 바라본다면 나는 히어로입니다. 히어로와 빌런은 동전의 앞뒷면과 같습니다. 보는 관점에 따라 달라질 수 있다는 뜻이에요.

나는 나만의 히어로, 말콤 엑스의 가르침을 본받아 오로지 내 자신만을 사랑하고 있습니다. 이 세상은 나에게 굴욕을 주는 일반인들로 가득한데, 그들은 정상적인 종족이라 할 수 없습니다. 내 생명을 위협하는 그들을 사랑하라니요? 나의 옛 친구 찰스(프로페서 X)에게나 통할 말입니다.

도덕적이지는 않지만 누구보다도 정상적이고 상식적이라 자부하는 나는 절대 그럴 수 없습니다. 말콤 엑스는 스스로 방어권을 포기한 지도자들을 두고 흑인의 반역자라 불렀고, 심지어 그들을 백인의 도구라고까지 폄하했지만, 나는 그런 과격한 표현을 일삼았던 그의 마음을 잘 이해합니다. 엑스맨 주식회사에서 나를 이기적인 인물이라 평가해도 어쩔 수 없습니다. 나의 생각이 틀리지 않았다고 믿으니까요. 나의 이기적인 유전자는 내 후손들에게 그대로 전해질 테고, 기다리다 보면 이 세상도 언젠가 우리 돌연변이들이 맘 편히 살아갈 수 있는 곳이 되겠지요. 인간과의 공생 관계? 그때 가서 다시 생각해 보겠습니다.

SCENE 02
남들과의 비교를 불허하는 이유

나는 자기장 컨트롤러다

나는 가끔씩 오해를 받습니다. 미스틱이 지어 준 내 닉네임 '매그니토' 탓입니다. 매그니토는 '자석을 이용한 소형 발전기'라는 뜻인데요. 그 때문에 나를 마치 거대한 인간 자석처럼 생각하는 사람이 많은 것 같습니다. 내가 보여 주는 행동 하나하나가 자석의 특성과 밀접한 관련이 있으니 완전히 틀린 생각은 아니지만 엄밀히 말해 나는 인간 자석이 아닙니다. 냉장고에 다닥다닥 붙어 있는 광고 딱지와 나를 같은 급으로 보면 절대 안 됩니다. 맙소사! 인간들이란 정말 무지한 존재입니다.

나는 자기장 컨트롤러입니다. 보다 정확하게 말하면 지구상에 존재하는 모든 물질의 자기력을 컨트롤할 수 있는 존재입니다. 모든 물질의 자기력을 내 마음대로 쥐락펴락하다 보니 자기력의 영향이 미치는 범위(자기장)까지도 내 의지대로 조종할 수 있게 되더군요. 자석이 가까운 곳에는 철가루들이 빼곡하게 늘어서 있는 반면, 자석이 멀리 떨어진 곳에는 철가루들이 듬성듬성 존재하는 모습을 떠올려 보세요. 이 말은 곧 자기력선이 빼곡하게 분포되어 있으면―자기력선의 밀도가 높으면― 그 주변의 자기장이 강해지고, 반대로 밀도가 낮으면 그 일대의 자기장이 약해진다는 뜻입니다. 이 원리를 적극 활용해 내가 원할 때 언제든 내 존재감을 시각적으로 드러낼 수 있었습니다.

눈에 보이는 힘이라니! 자기력선의 개념을 고안해낸 패러데이(M. Faraday, 1791~1867)에게 늦었지만 감사 인사를 올립니다. 패러데이 덕분에 나의 힘이 외부로 알려졌고 나 또한 나의 전지전능한 힘을 눈으로 직접 확인하게 되었거든요. 하지만 아무리 내 능력이 출중하기로서니 신의 자리까지 넘볼 수는 없습니다. 그러니 신이라는 호칭보다는 세상의 지배자, 혹은 돌연변이 왕쯤으로 생각해 주면 더할 나위 없이 고마울 것 같습니다.

내 입으로 직접 특기를 나열하자니 민망하기 그지없습니다. 온몸의 털들이 곤두서는 것 같아요. 하지만 이 회사에 꼭 입사하고 싶으니 할 수 없지요. 하긴 대학 입학을 원하는 학생들도 자기소개서에 본인의 강점을 어필하기 위해 노력하는데 나라고 못할 게 뭐 있겠습니까. 내 종족의 보다 나은 미래를 위해! 이 세상의 밝은 미래를 위해 곤두선 털들을 다독이며 꾹 참고 한번 시작해 보겠습니다.

내가 가진 수많은 능력들을 소개하기에 앞서 우선 나의 장점을

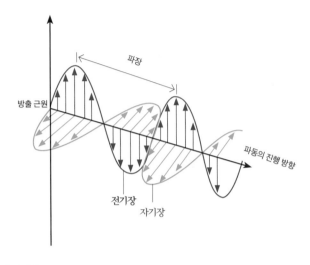

파장

방출 근원

파동의 진행 방향

전기장

자기장

⬆ 자기장과 전기장

가장 잘 보여 줄 수 있는 자기장의 개념부터 파헤쳐 드릴게요. 자기장
은 한마디로 자성(磁性)의 기운이 미치는 영역입니다. 과학에 종사하
는 호모 사피엔스들은 흔히 자기장과 전기장 이야기를 하는데요. 둘
다 각각의 힘이 미치는 영역을 뜻합니다. 즉, 자기장은 자석의 주위,
다시 말해 자기의 작용이 미치는 공간을 말하고, 전기장은 전류의 주
위, 즉 전기를 띤 물체 주위의 공간을 표현한 말입니다. 근본적으로
뿌리 자체가 다른 이 두 영역(장)은 지구 곳곳에서 저마다의 영향력
을 행사합니다. 놀랍게도 매번 같은 순간에 말이에요. 우연히 비슷한
외모를 갖긴 했지만 이들은 뿌리 자체가 다릅니다. 마치 진화한 서로
다른 종들 간의 관계 같다고 할까요? 이에 대한 자세한 이야기는 잠
시 뒤에 하고, 다시 영역 이야기로 돌아가 볼게요.

영역은 면 혹은 선들의 집합이고, 선은 수많은 점들의 모임입니다. 우리가 초등학교 때 배운 내용이지요. 그러니까 '힘이 미치는 영역'에는 그 영역의 근원이 되는 '점'이 존재한다는 뜻입니다. 18세기 후반 샤를 오귀스탱 드 쿨롱(Charles Augustin de Coulomb, 1736~1806)이라는 이름의 프랑스 물리학자도 전기장의 개념을 이야기할 때 바로 이 근원(점)의 존재를 강조했습니다. 그는 **만유인력 법칙**의 수학 공식과 놀랍도록 비슷한 형태의 공식, 즉 **쿨롱의 법칙**을 발표했습니다. 점으로 표현될 수 있는 전하(+ 혹은 -)들에서 뻗어 나온 전기력선들이 모이고 모여 전기장이라는 영역을 만든다고 밝힌 것입니다. 그러나 불행히도 그의 개념은 내가 다스리는 자기장이라는 세상까지 도달하지 못했습니다. 자기장의 세계에서는 점과 선으로 대표되는 힘의 근원 따위가 애초부터 존재하지 않기 때문입니다. 나의 세상은 인간의 상상을 뛰어넘습니다. 나의 세계에는 그들의 바람처럼 영역의 근원점이 존재하지 않고, 단지 영역 그 자체만이 존재할 뿐입니다.

엑	스	파	일

- 만유인력의 법칙은 우주상의 모든 물체 사이에 작용하는 (끌어당기는) 힘을 기술합니다. 공식은 $F=G(m_1m_2/r^2)$이며, G는 만유인력 상수, m_1과 m_2는 서로 떨어져 있는 두 물체의 질량, r은 물체 간의 거리를 뜻합니다.

- 쿨롱의 법칙은 정지해 있는 두 개의 점전하 사이에 작용하는 힘을 기술합니다. 공식은 $F=k_e(q_1q_2/r^2)$이며, k_e는 쿨롱 상수, q_1과 q_2는 서로 떨어져 있는 두 점전하의 전하량, r은 점전하 간의 거리를 나타냅니다.

돌연변이로 추정되는 천재의 탄생

그런데 불행 중 다행일까요? 쿨롱이 사망한 지 26년째 되던 어느 날, 도버 해협을 경계로 건너편에 있는 섬나라 영국에서 천재 한 사람이 태어났습니다. 바로 맥스웰(James Clerk Maxwell, 1831~1879)입니다. 미개한 인간계를 위해 하늘에서 선물을 내린 것일까요? 그는 500년 전의 천재 레오나르도 다빈치와 같은 부류의 인간이었습니다. 열네 살에 독창적인 **타원 작도법**으로 세상을 깜짝 놀라게 했고, 이후 열과 에너지의 학문인 열역학에서도 기체의 운동에 관한 이론을 발표해 입지

엑 스 파 일

자와 컴퍼스만을 써서 주어진 조건에 알맞은 선이나 도형을 그리는 방법을 말합니다.

를 굳혔으며, 세계 최초로 컬러 사진을 찍어 색채학에도 손을 댔습니다. 뿐만 아니라 태양계의 한 행성, 토성의 띠가 수많은 입자로 이루어졌으리라고 예측했던 인물입니다.

그런데 그의 진정한 업적을 가리는 내 기준은 세상 사람들과 좀 다릅니다. 그는 근대 과학의 아버지라 불리는 뉴턴이 유일하게 손대지 않았던 전자기학을 단숨에 정리했고, 나아가 20세기 이전의 물리학계를 평정했습니다. 진정한 천재이자 내 세상의 문을 활짝 열어젖힌 장본인으로 내가 다스리는 자기장이 '근본 없는 영역'이라는 사실을 수학적으로 증명한 유일한 인간입니다. 시대가 엇갈려 직접 만나본 적은 없지만, 나는 그가 나와 같은 돌연변이였으리라 추측합니다. 인간계에는 그렇게 똑똑한 개체가 존재할 수 없거든요.

맥스웰이 남긴 20여 개의 방정식을 정리하면 네 가지로 압축됩니다. 내 자신의 장점을 드러내야 하는 제한적인 지면에 남이 구축한 복잡한 수학 공식을 쓰는 건 나의 합격 가능성을 떨어뜨리는 일이 될 테니 알아보기 쉽게 글로 표현해보겠습니다. 전기 세상과 자기 세상을 통합시키는 역사적인 대업을 이뤄 낸 탁월한 천재의 이론을 쉽게 설명할 수 있다면 이 또한 제 능력을 증명하는 일이 될 테니까요. 그의 이론은 다음과 같습니다.

첫째. 전기장의 근원은 **전하**로서 (+)극과 (-)극이 있고, 이 둘은 서로 분리가 가능하다.

⇨ 다 알고 있는 내용이죠? 그의 진가는 두 번째 이론에서부터 발휘되기 시작합니다.

둘째. 자기장의 근원은 딱히 정해진 것이 없고, **N극과 S극** 역시 전하와 달리 서로 분리되지 않는다.

⇨ 이는 근원 따위는 없으나 영역은 실재한다는 의미입니다. 또한 그로 인해 자석을 반으로 쪼개면 그 안에서 또다시 N극과 S극이 생성되고, 이들을 또다시 쪼개도 그 흐름은 영원히 유지된다는 표현이죠. N극만 있는 자석, S극만 있는 자석은 이론적으로 만들 수 없음을 공식적으로 밝힌 것입니다.

셋째. 자기장이 시간에 따라 변하면 전기장이 생성된다.

넷째. 역으로 전기장이 시간에 따라 변해도 자기장이 생성된다.

⇨세 번째 방정식과 네 번째 방정식에는 첫 번째, 두 번째 방정식

과 달리 하나의 수식 내에 전기장 요소와 자기장 요소가 동시에 존재합니다. 다시 말해 이들 수식은 전기장과 자기장이 서로 영향을 미친다는 놀랍고도 충격적인 의미를 담고 있습니다.

일명 **패러데이 법칙**이라고도 불리는 세 번째 방정식에서는 자석을 움직여 자기장을 변화시키면 이때 전기장이 만들어진다는 걸 말해 주는데요. 현대 과학의 산물이자 우리의 일상생활에 결코 없어서는 안 될 발전소는 이러한 원리를 이용한 대표적인 예입니다. 발전기의 터빈에서 자기장을 변화시켜 전기를 만들어 내고 이를 송전하는 시스템이니까요.

네 번째 방정식 또한 세 번째와 마찬가지입니다. **앙페르의 법칙**을 약간 변형시켜 만든 네 번째 방정식은 초등학교 시절 이미 경험적으로 확인해 본 바 있습니다. '전류가 흐르는 전선의 주변에 나침반을 놓아두니 나침반의 바늘이 움직이더라'는 사실을 통해 전류의 변화가 자기장을 만들어 낸다는 걸 확인할 수 있었지요.

이로써 맥스웰은 쿨롱의 영역을 지나 나의 세상으로 깊숙이 들어오고 말았습니다.

천재의 업적을 뒤따른 인간들

요즘 학교에서는 금속 막대의 주변에 구리선을 감고 그 구리선에 전류를 흘려보내면 이 막대가 자석이 되어 주변에 있는 철제품을 끌어

전하란 '물체가 띠고 있는 정전기의 양'을 말합니다. 같은 부호의 전하 사이에는 미는 힘이, 다른 부호의 전하 사이에는 끄는 힘이 작용합니다. 한 점에 집중되어 있는 것을 '점전하'라고 하며, 이것이 이동하는 현상이 '전류'입니다.

N극과 S극이 존재하는 이유는 원자핵의 주변을 돌고 있는 전자 집단의 자전 현상 때문입니다. '스핀'이라는 전문 용어로 불리는 이 자전 현상은 전기장을 만들어 내는 동시에 자기장을 만들어 내는데요(맥스웰의 네 번째 방정식 참조). 이때 시계 방향으로 도는지 혹은 반시계 방향으로 돌고 있는지에 따라 서로 반대의 자기장을 만들어 냅니다. 앞에서 보는 회전 방향과 뒤에서 보는 회전 방향은 서로 정반대인데, 이로 인해 자기장에는 정반대의 두 가지 극성이 탄생하게 되는 것이지요. 나침반(자석)을 가만히 놓아두었을 때, 지구 방위의 북쪽을 가리키는 앞부분은 N(north)극,

🔺 금속 코일 사이의 전자기 유도 현상을 보여 주는 패러데이의 실험: 오른쪽의 배터리에서 공급된 전류는 작은 코일(A)을 통해 전달되고 이 과정에서 자기장이 생성됩니다. 코일이 가만히 멈춰 있을 땐 전류가 생성되지 않지만, 큰 코일(B)의 안과 밖을 오고 가면 주변에 자기장이 형성되고 그 결과 전류가 유도되어 검류계에 나타납니다.

남쪽을 가리키는 뒷부분은 S(south) 극이라 부르는 것에서 유래하여 N극
과 S극이라는 용어가 탄생했습니다. 참고로 자석의 N극이 가리키는 지
구의 북쪽은 S극, 자석의 S극이 가리키는 지구의 남쪽은 N극에 해당됩니
다. 이 또한 거대한 전자 집단인 지구의 자전 현상에 의해 만들어진 자기
장 때문이죠.

패러데이의 법칙은 전해질 용액의 전기 분해에서 분리되는 물질의 양은
용액을 통과한 전기의 양과 물질의 원자량에 비례하고, 1그램당량의 물
질을 분석하여 내는 데에 필요한 전기의 양은 물질에 관계없이 일정하다
는 법칙입니다.

앙페르의 법칙은 전류와 자기장의 관계를 나타내는 법칙입니다. 닫힌 원
형 회로에서의 전류가 이루는 자기장에서 어떤 경로를 따라 단위 자극(單
位磁極)을 일주(一周)시키는 데에 필요한 일의 양은, 그 경로를 가장자리
로 하는 임의의 면을 관통하는 전류의 총량에 비례한다는 것입니다. 암
페어의 법칙과 같은 말입니다.

당기는 실험을 한다더군요. 이 '전자석'이라는 발명품이 바로 맥스웰
의 방정식들에 힘입어 만들어진 것입니다. '영구 자석'이라 불리는 일
반 자석과 비교할 수 없는 자기력을 보여 주는 것으로, 구리선이 굵
을수록, 선을 많이 감을수록, 혹은 전류를 많이 흘려보낼수록 자성은
더욱더 강해집니다. 겁이 많은 인간들은 혹시라도 코일 간에 전류 이
동이 일어날까 봐 '에나멜'이란 이름의 전기가 통하지 않는 재료로 구
리선을 코팅했습니다.

인간들은 자신의 잔머리와 맥스웰의 이론을 이용해 별의별 물건

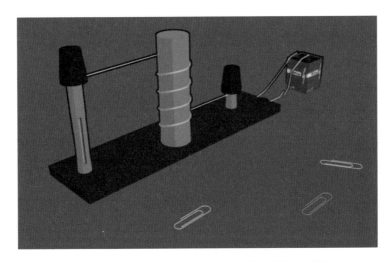

⬆ 전류가 흐르는 동안 전자석에 자기장이 형성되어 종이클립을 끌어당기는 실험

들을 다 만들었습니다. '오로지 원할 때에만 기능을 부여할 수 있다' 는 달콤한 유혹에 빠져 '솔레노이드'라는 장치를 통해 전자석의 개념 을 도입했고, 이를 이용해 각종 전자 장비와 기계 장치들을 고안했습 니다. 폐차장에서는 수 톤(t)에 육박하는 고철 덩어리를 들어올리기 위해 전자석에 전류를 공급했고, 인간 세계의 기계공학 천재라고 알 려진 토니 스타크 역시 자신의 심장부에 박힌 폭탄 파편을 가슴팍의 전자석으로 붙잡아 두었습니다. 이후 아이언맨의 가슴에 박힌 전자 석은 진화에 진화를 거듭하여 '아크 리액터'라는 이름까지 얻어 냈습 니다. 일반인 히어로 아이언맨은 내가 지배하고 있는 세상의 일부분 을 공유한 것만으로도 어벤져스의 수장이 될 수 있었습니다. 그만큼 나의 세상은 드넓고 또한 나의 능력은 끝이 없다는 걸 증명하는 대목

이 아닐 수 없습니다. 토니 스타크와 마찬가지로 다른 인간들 역시 나의 세상에 한 발자국이라도 더 깊이 발을 들이고자 노력해왔습니다.

그런데 그들의 노력은 매번 수포로 돌아가곤 했어요. 기존 전자석이 갖는 유일한 단점인 **자기 포화**가 걸림돌이 된 것입니다. 아무리 코일을 많이 두르고 전류를 최대 출력으로 흘려 넣어도 어느 물체든 전류의 흐름을 방해하는 요소(결정 구조의 결함 또는 불순물)가 내부에 존재하기 마련인데요. 이는 저항이라는 개념으로 표현됩니다. 모든 물체에는 저마다 고유의 저항값(비저항)을 가지고 있습니다. 때문에 더욱 강력한 자기장을 얻지 못했던 것입니다.

생각이 여기까지 미치자 인간들은 저항을 없앨 수 있는 방법을 찾아내려 노력했습니다. 마치 우주 곳곳에 흩어진 인피니티 스톤을 찾아 헤매던 어벤져스 멤버들처럼 말이에요. 저항을 없애면 전류가 더 많이 흐를 테니 이야말로 막강한 자기력 생성을 위한 필수 전제조건이었던 셈입니다. 인정하긴 싫지만 역사를 돌이켜볼 때마다 인간의 집요함에 혀를 내두르게 됩니다. 저항 없는 금속을 만들기 위한 노력도 그 같은 집요함의 결과죠.

엑   스   파   일

철에 전류를 흘리면서 자석으로 만들어갈 때 일정 수준이 되면 더 이상 자기력이 상승하지 않는 순간에 직면합니다. 이때의 상황을 일컬어 자기 포화(magnetic saturation)라 부릅니다.

진정한 초전도체의 등장

20세기의 문이 열린 지 얼마 안 되어 네덜란드에서 기분 좋은 소식이 들려왔습니다. 주인공은 헤이커 카메를링 오너스(Heike Kamerlingh Onnes, 1853~1926)입니다. 그는 1913년 노벨 물리학상 수상자로서 물질의 전기 저항이 0이 되는 현상, 즉 **초전도 현상**(superconductivity)을 최초로 발견한 인물입니다. 그는 지구상의 유일한 액체 금속인 수은(Hg)이 0의 저항을 보일 수 있다는 사실을 밝혀 냈습니다. 그의 실험은 일반인들이 시도해 볼 엄두조차 내지 못하는 극저온 환경, 이른바 **절대온도** 4.2K보다 낮을 때만 가능했는데, 이 온도를 우리가 일상에서 쓰는 단위인 섭씨온도로 환산해 보면, 무려 –268.8도라는 놀라운 수치가 나옵니다. 우리는 지금껏 물이 얼음으로 변하는 온도만 되어도 '얼어 죽겠다'고 투덜거렸잖아요? 그런데 –268.8도라니요! 이 온도는 얼음을 얼린 직후에도 268도나 더 내려간 지점입니다. 영하 십 몇 도만 되어도 춥다고 바들바들 떨면서 모피를 걸쳤던 인간에게는 민망한 일일 겁니다.

특정 온도 이하에서 저항이 0이 되는 지점을 발견한 인간들은 드디어 전류를 무제한으로 흘려보낼 수 있게 되었고, 그와 동시에 자기장의 힘 또한 극대화할 수 있다고 기뻐했습니다. 이로써 무한 자기장의 시대가 열렸다고 생각했습니다. 역사를 쓰는 기반이 마련된 것이지요. 하지만 인간들이 상상하는 것만큼 나의 세상이 그리 호락호락할 리 없습니다. 그 정도로 내 세계가 열린다면 '돌연변이들의 왕'이라

- 초전도현상이란 어떤 물체가 특정 온도 이하에서 갑자기 전기 저항을 잃어버리고 전류를 무한정 흘려보냄과 동시에 물체 내부에 존재하던 자기장을 바깥으로 밀어내는 현상입니다. 현재 단일 원소로 구성된 특정 금속(수은, 납, 나이오븀) 혹은 탄소 기반의 유기물(탄소나노튜브, 풀러렌), 또는 특정한 금속 원소들의 혼합으로 이루어진 수많은 합금(나이오븀-티타늄, 저마늄-나이오븀)과 세라믹들이 초전도체로 밝혀졌습니다.

- 절대온도란 물질의 특이성에 의존하지 않고 눈금을 정의한 온도입니다. 영하 273.15℃를 기준으로 보통의 섭씨와 같은 간격으로 눈금을 붙였고, 단위는 켈빈(K)입니다.

는 칭호가 아깝지요.

　인간들은 물질을 이루고 있는 보다 기본적인 요소를 건드려 나의 세상에 발을 들인 것도 모자라 이제는 나의 세상을 지배하고 싶어 했습니다. 나는 더 이상은 안 되겠다 싶어 바로 문을 걸어 잠갔습니다. 나의 세상이 저들의 손에 들어가는 것이 두려워 자물쇠까지 채웠고요. 그러자 호모 사피엔스들은 화가 났습니다. 애써 무한 자기장 세상의 비밀 문을 여는가 싶었는데 그 이후의 결과들이 원하는 대로 나오지 않았거든요. 그들은 자물쇠가 단단히 채워진 내 세상의 문을 열고자 또 다시 긴 여행을 떠났습니다. 산을 넘고 강을 건너 마침내 그들은 굳게 잠긴 문을 열 비법서를 찾아내고야 말았습니다. 비법서에는 '양자역학'이라는 단어가 큼지막하게 적혀 있었습니다. 원자 자체가 보유하고 있는 근본 에너지를 연구하는 양자역학이라는 학문! 그렇습니다. 그들은 금속의 저항을 0으로 만드는 것 이외에 금속 원자가 갖고 있는 에너지마저 건드려 보고 싶었던 겁니다. 보다 완벽한 물질을 얻어내고 싶었던 거죠.

인간들은 또 원자가 머금고 있는 미세한 자기장마저 컨트롤하고 싶어 했습니다. 이것마저 제어하게 된다면 자기장의 세상을 자기들의 지배 아래 둘 수 있다고 생각한 거죠. 과연 성공했을까요? 물론 인간들의 접근 방법이 훌륭했던 것은 인정합니다. 내 세계를 열어 줄 나머지 비밀 무기는 인간들의 생각대로 양자역학이 맞았으니까요. 그런데 사실 이때까지만 해도 내 세상은 여전히 건재했습니다. 그들이 얻은 건 비법서일 뿐, 그 안의 내용을 해석해 줄 수 있는 마땅한 전문가가 없었거든요. 하지만 완벽한 초전도체를 얻고 싶어 한 인간들의 의지는 예상 외로 너무도 강력했습니다. 그때 전문가를 자처하며 혜성처럼 그들 앞에 당당히 나선 이가 있었습니다.

비법서를 해석해 줄 전문가가 나타나다

혜성처럼 등장한 그 사람이 바로 프리츠 발터 마이스너(Fritz Walther Meissner, 1882~미상)입니다. 그는 나와 같은 독일 국적을 가진 물리학자로 당시 양자역학 성립의 핵심 인물로 추앙받던 막스 플랑크(Max Karl Ernst Ludwig Planck, 1858~1947)의 제자였습니다.

액체 상태의 헬륨으로 순도가 높은 주석(Sn)과 납(Pb)을 냉각시

킨 뒤 그 물질 주변에서 발생하는 자기장 변화를 관찰하던 어느 날이었습니다. 냉각시킨 납 위에 자석을 올려놓는 순간 놀라운 일이 벌어졌습니다. 공중 부양 능력을 가진 돌연변이 '스톰'처럼 자석이 공중에 둥둥 뜬 것입니다. 떨어지지도 않고 그 높이 그대로 머물러 있었던 거예요. 마이스너와 그의 동료들은 이를 두고 내부에 존재하던 자기장이 밖으로 밀려 나와 외부의 자석을 밀어낸 것이라고 생각했습니다.

생각해 보세요. 물체 내부의 원자 전체를 뒤덮고 있는 전자의 움직임이 있기 때문에 자기장이 발생하는 것이니 자기장은 물체의 외부는 물론 내부에도 존재해야 하는 것이 당연합니다. 그런데 내부의 자기장이 죄다 바깥으로 밀려 나갔다? 이는 기존의 연구에서는 볼 수 없었던 독특한 현상이었습니다. 이른바 물질의 '완전반자성(마이스너 효과)'이었죠. 한마디로 외부에서 어떠한 자석이 만들어 낸 자기장이 다가오더라도 초전도체는 이 외부 자기장을 결코 내부로 받아들이지 않는다는 걸 의미합니다. 외부의 자석을 밀어내는 것이지요. 이로 인해 외부에서 다가온 자석은 초전도체와 맞닿지 않은 채 공중 부양을 할 수 있었습니다. 저항도 없고, 내부 자기장도 없는 물질. 이는 진정한 의미의 초전도체였습니다.

그런데 놀라운 발견은 거기서 끝나지 않았습니다. 이후 많은 과학자들이 내부 자기장을 밀어내는 초전도체에 대해 연구해 보았는데요. 거기엔 더욱 믿기지 않는 사실이 숨어 있었습니다. 주변으로 밀려 나온 자기장들이 띄엄띄엄 존재했던 것입니다. 지도 위에 그려진 등고선처럼 어디에는 자기장이 있고, 또 어디에는 없는 형태로 말입니다. 어떻게 된 일일까요? 앞서 천재 돌연변이로 추정되는 맥스웰이 했던 말을 떠올려 봅시다. 그는 "전기장과 달리 자기장은 점이나 선, 근원 따위가 존재하지 않는 이른바 '연속적인 공간'이다"라고 말했습니다. 그리고 그 사실을 여러 수학 공식을 통해 깔끔하게 증명했어요. 그런데 알고 보니 불연속이었다니, 도대체 이게 무슨 뜻일까요?

자기장이 연속의 개념이 아닐지 모른다는 생각에 전 세계 호모 사피엔스가 혼란에 빠진 그때, 요리조리 잘 빠져 나가는 인간들의 장기가 발휘됐습니다. 과학 천재 맥스웰을 살리면서 자신들도 빠져 나갈 구멍을 마련한 거죠. 바로 '예외' 조항입니다.

"원래 자기장이 연속인 건 맞다. 단, 초전도체에서만큼은 예외다."

인간은 참으로 대단한 종입니다. 과학계를 뒤흔들 만한 강력한 폭풍을 옆으로 스윽 비켜가다니요. 똑똑하다면 똑똑하고, 교활하다면 교활한 그들의 행보가 나의 자기장 세상에서도 통할 줄 어떻게 짐작했겠습니까?

초전도체의 진화

이후 수십 년간 많은 인간이 초전도체를 연구한답시고 앞다퉈 내 세상의 문을 두드렸어요. 그중에는 "초전도체로 만들어 낼 수 있는 재료는 금속뿐만이 아니다"라는 놀라운 내용이 적힌 편지를 전해 준 자들도 있고, 고온초전도체라는 믿기지 않는 단어를 창문에 휘갈겨

쓰고 도망간 이들도 있었습니다. 그런데 대체 **고온초전도체**라는 게 무엇일까요? 언제는 극저온에서만 동작이 가능하다고 하더니 이번에는 열기가 뿜어져 나오는 고온의 환경에서 구현이 된다고 합니다. '도대체 어느 장단에 맞춰 춤을 춰야 된다는 말이지?'라는 불만이 꿈틀댔지만 얼마 가지 않아 이것이 해프닝이었다는 게 밝혀졌습니다. 이 위대한 돌연변이 왕께서 그들이 적어 놓은 단어에 두 개의 괄호가 생략되었다는 사실을 알아낸 것입니다. 생략된 표현들을 추가해서 다시 적으면 다음과 같습니다.

(이전보다) 고온(의 영역에서 동작이 가능한) 초전도체

현재 인간들은 상대적인 고온의 영역을 지나 상온(영상 20도)의 영역으로 진출하고자 밤낮 없이 연구하고 있습니다. 그들이 성공할지 여부는 사실 미지수예요. 만약 이루어 낸다면 그 주인공은 인간이 아닌 돌연변이일 것이고, 그가 누구이든 나의 뒤를 이을 것입니다. 말하자면 제2의 돌연변이 왕이 되는 거죠. 그 기술을 기반으로 우리 돌연변이들은 이제껏 경험해 본 적 없는 강력한 군대를 조직하여 인간들 위에 군림하게 되겠지요. 하늘을 나는 **호버보드(Hoverboard)**로 무장한 돌연변이 군단을 상상해 보세요. 얼마나 짜릿합니까? 나는 그날이 오기만을 손꼽아 기다립니다.

이것으로 자기장에 대한 기본적인 개념 이해는 어느 정도 되었지요? 그럼 이제부터 본격적으로 지구의 자기장에 대해서 이야기를 나

- 이전까지의 초전도체는 임계 온도 이하의 극한의 저온에서만 내부 자기장을 밀어냈는데 비해 고온초전도체는 굳이 극한의 저온이 아니어도 내부 자기장을 밀어낼 수 있는 물질입니다. 일반적으로 액체 질소의 끓는 점인 절대온도 77K보다 높은 온도에서 초전도 현상을 보인다면 고온초전도체로 구분됩니다.

- 영화 <백 투 더 퓨처 2>와 <백 투 더 퓨처 3>에서 개인용 이동 수단으로 사용된 공중부양 보드입니다. 바퀴가 없는 스케이트보드와 비슷한 모양이죠.

뭐 봅시다. 지구를 둘러싸고 있는 자기장은 얼마나 강력한지, 어떤 역할을 해내고 있는지 말입니다. 더 나아가 내가 이것을 어떻게 지배하고 있는지도 알아봅시다. 나의 세상에 온 여러분을 환영합니다.

"Welcome to my electro-magnetic world!"

매그니토의 능력 강화 응용 팁

대기를 지녔던 또 하나의 행성

나의 지구 자기장 활용법을 말하기 전에 옛날이야기를 하나 들려 드릴게요. 무려 42억 년 전의 일인데, 태양을 중심으로 우리 행성 지구의 바로 옆에서 돌고 있는 화성이 주인공입니다.

태초에 화성은 우리 지구처럼 공기와 물이 풍부한 곳이었다고 합니다. 지구 내부의 중력이 공기 분자들을 붙잡아 둔 덕분에 대기권이 존재하듯이 화성에도 '대기'라 일컬어지는 공기 집합체가 있었던 것입니다. 또한 화성은 우주의 다른 별들처럼 내부 깊숙한 곳에 철(Fe) 원자들을 다량 함유하고 있었기에 자기장의 존재는 필연적이었습니다. 그러던 어느 시점에 화성을 둘러싸고 있던 자기의 힘이 약해지더니 거의 사라져 버리는 일이 발생했습니다. 자기력으로 튕겨 내던 방어막이 걷히면서 태양이 뿜어내는 태양풍, 즉 유해 입자와 전자파들은 그 맹위를 고스란히 대기권에 떨칠 수 있었습니다. 태양풍은 위세가 강력할 때 초당 750킬로미터까지 이동할 수 있다고 하는데요. **지구의 1/3 수준**밖에 되지 않는 중력으로 어떻게 공기 분자들을 붙들어 맬 수 있었겠습니까? 뿔뿔이 흩어지는 건 시간 문제였습니다.

공기를 잃어버린다는 건 호흡이 불가하다는 것과 동시에 추위를 막을 수 있는 능력이 현저하게 떨어지는 것을 의미했습니다. 생명체가 살아남을 수 있는 환경이 아닌 거죠. 이후 화성은 삭막한 땅으로 변했습니다. 열기와 공기를 빼앗긴 그곳은 42억 년이 지난 지금, 물의 흔적을 찾겠다며 꾸준히 우주 탐사선을 보내는 인간들 덕분에 적어도 외롭지는 않을 것입니다. 심지어 인간들은 화성에 인공 자기장을 설치할 야심찬 계획까지 세우고 있다고 들었습니다. 화성에 대기층을 선물함으로써 훗날 지구 못지않은 행성으로 탈바꿈시킬 생각인가 봅니다. 아마도 지구가 위기에 처해 살기 힘든 땅이 되었을 때를 대비하려는 목적이겠죠. 지구를 망쳐 놓은 뒤 화성으로 이주해 또 다시 망쳐 놓고, 화성까지 망하면 그다음 목적지는 어디가 될까요? 역시 인간들은 내 기대를 저버리지 않습니다. 공생이라는 개념을 갖고 있지 않은 유일한 생명체들이죠. 그렇기에 나는 더더욱 저들을 응징하려 합니다. 인간들이 우리의 지배 아래 머무르게 될 때 비로소 세상엔

> 포톤 에너지라고도 합니다. 광자 에너지는 단일 광자에 의해 운반되는 에너지입니다. 에너지의 양은 광자의 전자기 주파수에 정비례하므로 파장에 반비례합니다. 광자의 주파수가 높을수록 에너지가 높아집니다. 마찬가지로 광자의 파장이 길수록 에너지는 낮아집니다.

평화가 찾아오리라 확신하니까요.

보세요! 자기장이 없으니 태양의 **광자 에너지**로부터 본체를 보호할 수 없고, 이는 소멸이라는 극단적인 결과를 낳았잖아요? 나는 지구의 자기장을 컨트롤해 외부로부터 가해지는 힘을 방어할 수 있도록 지구 곳곳의 자기력을 증대시킬 수 있습니다. 나야말로 이 행성의 수호자요, 살아 있는 방어막인 셈입니다.

더욱이 지금이 어느 때입니까? 인간 과학자들은 하루가 멀다 하고 지구를 둘러싸고 있는 자기장의 세기가 감소하고 있다고 열변을 토하고 있습니다. 내가 없다면 그로 인한 피해는 어떻게 보상할까요? 내 이야기가 피부에 와 닿지 않는 듯하니 예를 들어 설명해 보겠습니다.

지구 자기장이 꼭 필요한 이유

2009년 12월, 슬로바키아의 신경 전문의 미첼 코바치 박사가 아주 놀라운 이야기를 전해 줬습니다. 지구의 자기장이 감소하는 바람에 동물들의 피해가 속출하고 있다는 내용이었습니다. 그런데 그는 자신이 말한 동물의 범주 안에 인간도 포함되어 있다고 밝혔어요. 어디 인간 뿐이겠어요? 그들과 한 끗 차이밖에 나지 않는 우리 돌연변이도 당연히 그 범위 안에 속해 있었습니다.

미첼 코바치 박사가 밝힌 연구 결과는 충격적이었습니다. 뇌혈관이 막히거나 파열되어 발생되는 장애, 즉 뇌졸중 환자 6100명의 의료 기록을 분석해 보았더니 환자 수가 갑자기 늘어난 시점이 있었다는 것입니다. 다름 아닌 태양의 **흑점** 폭발이 잦았던 해였다고 하는데

태양 표면에 보이는 검은 반점입니다. 광구에 나타나는 현상으로, 광구의 온도보다 2,000℃ 정도 더 낮기 때문에 검게 보이죠. 모양은 거의 둥글고 길이는 수백에서 수만 킬로미터에 이르며, 증감의 주기는 약 11.1년입니다. 지구의 기온이나 기후에 영향을 줍니다. 태양 흑점이라고 부르기도 합니다.

➡ 맨 눈으로 본 태양의 흑점.

요. 이로써 지구 자기장이 약해져서 태양으로부터 나온 유해 인자들이 인간의 건강을 위협할 수 있다고 주장했습니다. 하지만 사람들은 추측일 뿐이라며 그의 주장을 무시했습니다. 그런데 최근 150년간 자기장의 세기가 무려 10퍼센트가량 감소했다는 발표들이 종종 나오는 걸 보면 완전히 터무니없는 주장이라 여기기엔 다소 무리가 있어 보입니다. 자기장의 감소는 비단 인간의 건강만 해치는 게 아닙니다. 지구에서 발생하는 지진과 화산 폭발, 기후 변화까지 관여한다는 게 과학자들의 공통된 의견이죠.

내 시각으로 우주를 보자면 태양은 '초대형 자석'이고 지구는 '소형 자석'입니다. 아무리 내 입맛에 맞게 주변 정리를 해 놓아도 나보다 센 놈이 나타나 이것저것 참견한다면 사물들의 배치는 달라지게 마련이죠. 우주도 딱 그렇습니다. 상식적으로 접근해 보더라도 태양의 기분에 따라 좌지우지되는 지구의 모습을 쉽게 떠올릴 수 있잖아요? 소형 자석의 N극과 S극에 해당되는 위치인 극지방에서 꾸준히 드리워지는 빛의 커튼 **오로라**(aurora)가 좋은 예입니다. 인간들은 태양의 흑점 폭발이 평상시보다 강력할 때 하늘에 드리워진 빛의 커튼이 위세를 더해 자신의 본거지였던 극지방을 벗어나 슬금슬금 내려온다는 사실도 두 눈으로 확인했습니다. 대표적인 예가 1859년에 일어난 역대급의 흑점 폭발 일명 **캐링턴 사건**입니다. 당시 흑점 폭발은 물론 강력한 자기 현상인 **태양 플레어**까지 동반되어 지구 자기장을 어지럽혔고, 그 결과 카리브해 인근을 대낮처럼 환하게 해 준 초강력 오로라 커튼이 쳐졌다고 합니다. 만약 그때의 지구 자기장이 지금의 수준

● 오로라는 주로 극지방에서 초고층 대기 중에 나타나는 발광(發光) 현상입니다. 태양으로부터의 대전 입자(帶電粒子)가 극지 상공의 대기를 이온화하여 일어나는 현상으로, 빨강·파랑·노랑·연두·분홍 따위의 색채를 보입니다.

● 1859년 8월 29일부터 9월 2일까지 태양의 수많은 흑점을 비롯한 태양 플레어가 관측된 사건을 말합니다. 당시 대규모의 태양풍 폭발 현상과 함께 역사상 최대 규모의 지자기 폭풍(지구 자기장의 일시적 혼란)을 초래했습니다. 극지방에서만 발견되던 오로라가 전 세계에서 발생한 건 물론이고, 유럽과 북아메리카 전역에서 전신 시스템이 마비됐으며, 일부에서는 전기 충격을 받았다는 기록도 남아 있습니다.

(대략 90퍼센트)이었다면 어땠을까요? 그 당시 가해졌던 엄청난 규모의 공격을 받아 낼 수 있었을까요? 2012년에도 그에 버금가는 공격이 있었습니다. 세상에 태양의 포화가 떨어지기 직전 간발의 차이로 공격 범위에서 벗어났기에 망정이지 아차 하는 순간 지구상에 또 한 번의 대재앙이 찾아올 뻔했습니다. 물론 그런 일이 벌어지면 내 능력이 허락하는 한 최선을 다해 막아 보려 했을 테지만 결과는 아무도 장담할 수 없습니다. 어쩌면 지구의 미래가 더는 존재하지 않았을지도 모르지요.

이제 여러분도 내 말뜻을 이해하겠지요? 지구의 자기장이 약해진 지금 호모 사피엔스를 비롯한 지구의 생명체들이 믿을 것은 오직 나 매그니토뿐이라는 사실 말입니다. 그러니 나에게 감사하는 마음을 갖길 바랍니다. 나는 돌연변이 중에서 자기장을 다스릴 수 있는 유일무이한 초강력 존재니까요. 아, 물론 나란 존재의 탄생을 예상한 영리한 호모 사피엔스가 하나 있긴 합니다. 바로 영국의 찰스 다윈(Charles Darwin, 1809~1882)이죠. 놀랍게도 그는 역대급의 태양 공격이 쏟아지던 1859년 그해에 『종의 기원*The Origin of Species*』이란 책을 출간했습니다.

나와 같은 돌연변이들이 세월이 지나 새로운 종으로서 자리매김하게 될지도 모른다는 다윈의 예언과 역사상 최강의 지구 자기장 교란 현상이 같은 해에 일어났다니, 이런 기막힌 우연이 어디 있겠습니까? 신은 내가 태어나리라는 사실을 미개한 인간들에게 알려 주고 싶었나 봅니다.

빛나는 나의 업적

나는 자기장, 특히 지구 자기장을 컨트롤함으로써 수많은 부수적인 효과들을 누렸습니다. 그것은 때때로 인간들을 향한 공격의 수단이 되기도 했고, 인간들로부터 내 몸을 보호하기 위한 방어막으로 작용하기도 했습니다. 대표적인 것 몇 가지만 소개해 볼게요.

첫째. 여러분이 이미 알고 있는 것처럼 나는 금속 성분의 사물을 마음껏 주무를 수 있습니다. 말 그대로 '주무를 수' 있어요. 인간들이 만들어 낸 샌프란시스코의 대표 건축물 금문교를 휘고, 꼬고, 늘렸던 적이 있습니다. '그까짓 게 뭐라고!' 하실 분들을 위해 금문교의 무게를 살짝 언급하자면 자그마치 88만 톤입니다. 88만 톤은 중력을 이겨 내고 성인 남자 10,000,000명 이상을 공중으로 부양시킬 수 있는 거대한 힘이지요.

둘째. 날아오는 총알을 멈추게 하고, 수십 발의 미사일의 방향을 정반대로 바꿔 주인에게 돌려주기도 했습니다. 심지어 철 화합물에 존재하는 쓸데없는 결합을 끊고 순수한 철 원자들을 얻어 낼 수도 있습니다. 인간의 피에 들어 있는 철분 역시 내가 사용할 수 있는 도구에 지나지 않습니다. 나에게 철(Fe), 니켈(Ni), 코발트(Co)와 같은 **강자성체**를 다루는 일은 그야말로 기본 능력 중에서도 기본입니다. 손바닥을 펼쳐 그 주변에 외부 자기장을 인가하면 내부의 자성 성분들이 내가 원하는 방향으로 정렬하고, 이후 외부 자기장을 끊어도 한동안 그 방향성을 유지합니다. '말 잘 듣는 강자성체는 제멋대로인 인간들보다 낫다'는 게 내 생각입니다.

그럼 여기서 퀴즈. 과연 내 말을 듣는 이들이 강자성체뿐일까요? 그럴 리가요. 나는 **상자성체**라는 고집쟁이들도 어느 정도 컨트롤할 수 있습니다. 힘이 좀 들어서 그렇지 그들에게도 분명 내 영향력이 먹히긴 합니다. 알루미늄(Al)이 대표적이죠. 나는 평상시보다 힘을 몇 배로 써서 잠깐이나마 이들의 고집을 꺾어 왔는데 그것으로 충분히 만족합니다. 굳이 말 안 듣는 상자성체를 쓸 필요가 있나요, 세상에 널린 게 말 잘 듣는 강자성체들인데 말입니다.

반자성체라는 녀석들도 마찬가지입니다. 인간들이 초전도체로 쓴다고 했던 녀석인데, 이들 역시 내 말을 안 듣기로 유명합니다. 더욱

● 강자성체란 외부에서 강한 자기장이 걸렸을 때 자기장의 방향으로 강하게 자성을 띠게 된 뒤, 외부 자기장이 제거되더라도 자성이 그대로 남아 있는 물질을 말합니다. 이 물질은 자석에 달라붙는 특성을 보이며 철, 니켈, 코발트 및 이들의 합금이 대표적입니다.

● 상자성체란 외부에서 강한 자기장이 걸렸을 때 자기장의 방향으로 자성을 띠긴 하지만, 강자성체의 경우보다는 그 정도가 다소 약한 물질을 말합니다. 외부 자기장이 제거되면 다시 원래의 상태로 되돌아간다는 특성을 보입니다. 이 물질에 걸리는 자성은 외부 자기장이 강할수록, 외부 온도가 낮아질수록 강해지는데요. 알루미늄, 주석, 백금, 이리듐을 포함한 금속과 공기와 같은 기체도 이에 해당됩니다.

● 반자성체란 외부에서 강한 자기장이 걸렸을 때 자기장과 정반대의 방향으로 자성을 띠는 물질입니다. 자석에 붙지 않는 거의 대부분의 물질이 반자성체에 해당됩니다. 금, 은, 구리, 납, 수은 등의 금속 원소와 물이 이에 해당됩니다.

이 이들은 나를 향해 '다가오는' 게 아니라 나에게서 '멀어지는' 특성도 보입니다. 무슨 말이냐고요? 초전도체가 자석을 공중 부양시켰던 걸 떠올려 보세요. 대표적으로 금(Au), 은(Ag), 구리(Cu)가 나에게서 멀어지는 금속들입니다. 금속이 아닌 것 중에는 물(H_2O)이 그렇고요. 하지만 나는 나 싫다고 멀어지는 녀석들도 꾸준히 품으려고 노력했습니다. 그러나 모든 게 내 뜻대로 되지는 않았습니다. 지구상 대부분의 물질인 반자성체는 강자성체, 상자성체와는 달리 힘을 주면 줄수록 멀어져 갔는데요. 인내심이 극에 달한 바로 그 순간 나는 그들의 밀어내는 힘을 내 입맛에 맞게 이용하기로 마음먹었습니다. 그들이 나를 밀어내는 힘을 극대화하면 내 몸을 공중으로 띄울 수 있다고 생각한 거죠.

내 예상은 정확히 들어맞았습니다. 지각에 포함되어 있는 수많은 반자성체들이 내 몸을 들어 올렸고, 그 높이는 내가 얼마나 힘을 쓰느냐에 달려 있다는 것을 알게 되었습니다. 마침내 하늘까지 진출한 나는 돌연변이의 왕이라 불리기에 전혀 부족함이 없게 되었습니다. 나머지 사소한 능력들은 다음과 같습니다.

- 산에 있는 금속 성분을 이용해 산을 통째로 뽑아버릴 수 있습니다.
- 지구 지각을 붕괴시킬 수 있습니다.
- 지진을 멈출 수 있습니다.
- 행성 전체 전자기장에 변화를 일으켜 파괴할 수 있습니다.
- 전자기 폭풍을 부를 수 있습니다.
- 중력을 컨트롤합니다.
- 철분을 컨트롤하여 피의 흐름을 제어할 수 있습니다. 이는 곧 치유 능력으로 이어집니다.
- 전자기 방어막으로 상대방의 광전자 에너지 공격을 무력화할 수 있습니다. 덕분에 나는 '진 그레이'의 폭주에도 살아남을 수 있었습니다.

돌연변이여 영원하라

희망 업무

신입 사원으로서 회사에서 부여한 업무에 충실하겠지만, 아니 충실하도록 노력하겠지만, 내가 참아낼 수 없는 일은 웬만하면 시키지 않길 바랍니다. 나는 애송이들과 비교되는 걸 정말 싫어하거든요.

얼마 전 다른 회사에 면접을 보러 갔던 일이 떠오릅니다. 면접관은 내 지원 서류를 끝까지 읽지 않고 나를 다른 돌연변이들과 동일시하는 실수를 저지르고 말았습니다. 몸을 단단한 금속으로 바꾸고 불을 내뿜으며 바람을 일으키고 물을 얼리는 조무래기들과 말입니다. 지옥이라 일컬어지는 나치의 강제 수용소 생활도 꿋꿋이 버텨낸 나를 감히 이제 막 초능력을 쓰기 시작한 풋내기들과 비교하다니요! 나는 참을 수가 없었습니다.

무시와 괄시로 점철된 내 인생에 또 한 번의 태클이 들어온 순간, 나는 폭발해 버렸습니다. 전자기 폭풍을 일으켜 건물을 송두리째 날려 버렸고, 면접관들 몸속에 흐르는 피의 흐름을 컨트롤하여 그들을 지옥의 입구까지 데려다 주었습니다.

다시 한 번 말하지만, 이 회사에 입사하게 된다면 모든 일을 해낼 각오는 되어 있습니다. 단, 이 명제는 회사가 나를 다른 애송이들과 비교하지 않는다는 전제 아래서만 참이 될 수 있습니다. 조심스레 요청하는 바입니다만, 부디 돌연변이의 왕인 내 심기를 건드리지 않길 바랍니다.

장래 포부

포부를 밝히기에 앞서 내 취미를 먼저 이야기하고 싶습니다. 내 취미는 체스 두기입니다. 하지만 내가 흥미를 느끼는 포인트는 인간들과 다릅니다. 인간들은 자신의 전략이 먹혀 들어갔을 때 짜릿한 기분을 느끼지만(그래서 체스 놀이를 빙자한 전쟁놀이에 심취해 있는 것 같다), 나는 단지 체스 판의 흑백 대비를 즐기기 위해 체스를 둡니다. 상대는 흑, 나는 백. 상대는 어둠과 절망, 나는 빛과 희망. 흑백의 대비가 일반인과 우리 돌연변이들 간의 차이를 나타내는 듯해서 마음에 든 것입니다. 적어도 체스 판 위에서는 그들과 융합하려고 노력하지 않아도 되니까요. 더욱이 그들을 지배하기 위해 록, 비숍, 나이트, 폰은 물론 퀸과 킹까지 내 마음대로 주무를 수 있으니 얼마나 유의미한 놀이입니까? 나는 수중의 전사들을 이용할 때 인간들처럼 오로지 킹을 잡는 데만 목표를 두지 않습니다. 천천히, 야금야금 그들을 밑바닥부터 점령한 다음 마지막 남은 말, 킹을 따냈을 때 비로소 임무를 종료합니다.

체스는 나를 세상의 지배자로 만들어 주는 조력자요, 체스 놀이는 인간 절멸이라는 현실 세계에서의 과업을 대신 이뤄 줄 수 있는 출구입니다. 나는 이 세상의 주인으로서 군림하는 그날을 손꼽아 기다리고 있으며 그날을 맞이하기 위한 준비를 차근차근 해 나가고 있습니다.

마인드 콘트롤러
프로페서 엑스(X)

나는 타고난 교사입니다

돌연변이들의 교사 프로페서 엑스

내 이름은 찰스 프란시스 자비에(Charles Francis Xavier)입니다. 하지만 여러분에게도 '프로페서 엑스(Professor X)'라는 이름이 더 익숙할 것입니다. 둘 중 어떤 이름으로 불러도 괜찮습니다. 인간으로서의 가치관도, 돌연변이로서의 모습도 내겐 모두 소중하니까요. 한 가지 고정된 모습으로 대하지 않았으면 좋겠습니다.

제 아버지는 브라이언 자비에, 어머니는 샤론 자비에입니다. 제겐 의붓아버지와 형제들도 있습니다. 가족사로 미루어 얼핏 짐작하시겠지만 즐겁고 행복했던 순간만큼 아픔과 아쉬움이 많은 시간이었습니다. 물론 이젠 다 흘려보냈습니다. 지금은 다만 부유했던 부모님 덕분에 내 이상을 펼치는 데 큰 무리가 없었다는 걸 행운으로 여겨 감사

할 따름입니다.

나는 세상의 편견으로부터 돌연변이를 지키고, 미성숙한 돌연변이들이 자신의 힘을 잘못 휘두르려 할 때는 세상을 보호합니다. 다른 종 사이에서 이해와 화합을 지켜 나가는 일은 누군가는 꼭 책임지고 해야 할 중요한 일이니 말입니다.

나는 공부를 좀 오래 했습니다. 하버드 대학교를 졸업하고 영국 옥스퍼드 대학교에서 석사와 박사까지 마쳤는데요, 전공은 유전공학과 생물학, 그리고 심리학입니다. 나와 같은 돌연변이가 있는 이유를 알기 위해 먼저 유전공학을 공부했고, 돌연변이와 일반 사람들의 차이점을 알고 싶어서 생물학에 관심을 가졌습니다. 시간이 지나자 생물학과 유전공학을 통해 알게 된 겉으로 보이는 차이점들보다 보이지 않는 생각의 차이가 더 큰 문제라고 생각했습니다. 그래서 심리학에 대해서도 공부를 시작했습니다. 학위를 마친 다음에는 콜롬비아 대학교에서 교수 생활을 했습니다.

이제까지 살면서 가장 즐거웠던 일을 꼽으라면 돌연변이들을 가르치는 일이었다고 말할 수 있어요. 남과 다르다는 것이 그들의 잘못이 아니라는 것, 특별하다는 것이 차별받을 요소는 아니라는 것, 그들에게는 조금 더 특별한 공부가 필요하다는 것을, 그들이 가진 힘에는 책임이 따른다는 것, 그들도 인간의 사회에서 함께 살아야 하는 의무와 권리가 있다는 것을 매번 강조했습니다. 저를 포함한 우리 돌연변이와 인간 종이 서로 노력해야 하고, 그런 조화의 세계를 함께 꿈꾸어야 한다는 것을 가르치는 일이 내게는 가장 행복했습니다.

가르치고 지켜라

열 살이라는 나이는 매우 어린 나이죠. 그 어린 나이에 사랑하는 아버지를 사고로 잃고 존재가 한순간에 사라지는 것을 경험한다는 것은 또래 아이들보다 의젓했던 나에게도 결코 쉬운 일이 아니었습니다. 하지만 남편을 잃은 어머니의 슬픔은 나보다 훨씬 컸습니다. 그래서일까요? 아버지의 빈 자리를 온전히 받아들이기 전에 서둘러 다른 사람을 찾아간 어머니에게, 그리고 내게 또 다른 아버지가 되어 준 그분에게 나는 고마움을 느꼈는지도 모릅니다. 그날이 있기 전까지 말입니다. 그날, 갑자기 내게 알 수 없는 소리들이 들려오기 시작한 그날, 아무도 말을 하지 않고 어느 누구도 입을 열지 않았는데 내게만 누군가의 목소리가 들렸던 바로 그날…… 말입니다.

나는 내게 닥친 일이 무엇인지 몰라 두려웠습니다. 나의 이해 범위를 뛰어넘는 능력 때문에 내 어린 시절은 곧 공포와 혼란에 휩싸였습니다. 내게 보이고 들리는 것이 다른 사람에게는 보이거나 들리지 않는다는 사실을 깨닫고 나는 패닉 상태에 빠졌습니다. 도무지 믿을 수 없는 **인지 부조화** 속에서 나의 이성은 표류했고, 감정은 점점 황폐해졌습니다. 내 어머니는 의붓아버지와 함께 안락한 가정을 꾸리고 싶어 했습니다. 어머니에게 터놓지 못했지만 내게만 들렸던 의붓아버지의 목소리는 어머니의 생각과 달랐습니다. 그는 가족의 사랑이 아닌 어머니가 가진 돈만을 원했습니다. 하지만 나는 의붓아버지를 의심하기보다 내 스스로가 이상해졌다고 생각했습니다. 그런데 시간이 사람들은 일반적인 믿음, 생각, 상식 등과 실제로 발생하는 일이 서로 다를 때 불편함을 느낍니다. 이를 '인지 부조화'라고 합니다. 이런 상황이 되면 생각 혹은 행동을 바꾸거나 실제로 발생하는 일을 무시하는 방법으로 불편함을 해결하려고 노력하게 됩니다.

대표적인 예가 '여우와 신포도'라는 이솝 우화에 나옵니다. 여우는 포도가 맛있을 거라고 생각하고 포도를 따려고 했지만, 키가 작았던 여우는 포도를 따는 데 결국 실패합니다. 맛있다고 생각했지만(처음의 믿음), 자신의 능력이 부족해서 포도를 따지 못합니다(실제로 발생한 일). 실제로 발생한 일을 부정할 수는 없기에 대신 여우는 포도가 시어서 맛이 없었을 거라고 자신의 생각을 바꾸는 방식으로 이 불편함을 해소합니다.

소리는 매질(물, 공기 등)의 진동(혹은 떨림)을 통해 발생하고 전달되는 물리적인 현상으로, 비슷한 청각 능력을 가졌다고 가정할 때 나만 들리며 다른 사람들에게는 들리지 않는 상황은 특별한 경우(뇌와 관련된 질병 등)가 아니라면 발생하기 어렵습니다. 따라서 다른 사람은 듣지 못하는 소리를 나만 듣는다는 상황(실제)과 소리는 비슷한 조건을 가진 모든 사람들에게 소리가 들린다는 상식(믿음)이 어긋나는 상황이 발생했을 때 인지 부조화가 발생하게 됩니다.

이 인지 부조화의 불편함을 해결하기 위해 이상한 소리가 들리는 사실을 막을 수 없었던 어린 프로페서는 자신에게 문제가 있다고 생각했을 가능성이 높습니다.

지나면서 의붓아버지는 어머니를 학대하기 시작했습니다. 심지어 배다른 형제이자 그에겐 친아들인 케인조차 학대했습니다.

그제야 나는 방황을 멈추고 내게만 들려오는 목소리들이 누군가의 생각이고 본심이었다는 것을 깨닫게 되었습니다. 나는 어머니를 지켜야 했습니다. 하지만 내 능력으로 인해 아버지의 본심을 알게 된 어머니마저도 상심 속에서 돌아가시게 되었지요.

불행한 일들을 계속 경험한 끝에 나는 나의 사명이 무엇인지 깨달았습니다. 어느 날 갑자기 내가 다른 인간 종과 달라진 이유를 찾아보고, 나에게 숨겨진 힘이 무엇이며 내가 과연 그 힘을 조절할 수 있는지 알아내고, 내 능력에 어떤 한계가 있는지 속속들이 탐구했습니다. 나는 또 이 세상에 나처럼 창조된 생명체가 더 있는지도 궁금했습니다. 만일 나 혼자가 아니라면 그들이 겪어야 할 혼란과 공포, 그리고 자책감을 덜어 주어야 한다고 생각했습니다. 그리고 힘이 닿는다면 어릴 때 실패했던 행복한 인간관계 만들기를 그들만큼은 경험할 수 있게 도와주고 싶었지요. 인간들이 가지는 평범한 삶을 말입니다. 이런 일들을 하는 것이 나의 사명이라 확신했습니다.

나에게는 꿈이 있습니다. 언젠가 온 세상의 인간들이 진정한 의미에서 화합을 이루고, '모든 인간은 평등하게 태어났다'는 절대 명제 안에는 돌연변이도 포함되어 있다는 진리를 인간과 돌연변이 모두가 자명한 진실로 받아들이는 것입니다.

나에게는 꿈이 있습니다. 푸른색 꼬리를 가진 아이와 과거 호모 사피엔스로 불리었던 종의 아이가 교실에 함께 앉아 수업을 받고 숙제를 하고 함께 축구를 하는 것입니다.

나에게는 꿈이 있습니다. 돌연변이들이 그들이 가진 다름이 아니라 그들이 가진 인격과 능력에 따라 평가를 받는 세상을 만드는 것입니다.

나에게는 꿈이 있습니다. 우리를 공포의 대상으로, 멸절시켜야 하는 적으로, 탐구해야 하는 실험체로, 이용해야 하는 도구로 바라보는 현재의 사회를 돌연변이라는 말 자체가 사라진 사회, 서로 다른 이들이 손에 손을 잡고 걸으며 사랑을 나누는 사회로 만드는 것입니다. 그리고 이 모든 꿈이 바로 내가 엑스맨 주식회사에 지원하는 이유입니다.

빛으로만 어둠을 이길 수 있다

"어둠으로 어둠을 몰아낼 수는 없습니다. 오직 빛으로만 할 수 있습니다. 증오로 증오를 몰아낼 수는 없습니다. 오직 사랑만이 그것을 할 수 있습니다."

내가 가장 좋아하는 말입니다. 하지만 슬프게도 내가 가장 좋아하는 친구와 결정적으로 생각이 다른 지점이기도 합니다. 친구는 나에게 "목표가 너무 이상적이며 순진하다"고 말했습니다. 그러면서 "인간의 행동은 더 강한 억압과 폭력에 의해서만 변할 수 있다. 진화론으로 봐도 더 강한 힘을 가진 돌연변이들이 인간을 누르고 살아남는 게 옳다"고 주장합니다.

하지만 그 생각은 틀렸습니다. 강한 존재가 살아남는 게 아니라 세상을 사는 데 더 적합한 존재가 살아남는다는 것을 보여 주는 것이 **진화론**이니까요. 그리고 어느 한 종이 더 오래 살아남기 위한 가장 중요한 요소는 다양성입니다. 어쩌면 인간이라는 종에게 우리 돌연변이들은 다양성을 더해 주는 존재일 수도 있습니다. 거꾸로 돌연변이에게는 인간이 그런 존재고요. 그러니 우리 돌연변이들도 살아남기 위해서는 서로 힘을 합해야 합니다. 서로를 적대한다면, 어느 한쪽이 폭력으로 다른 한쪽을 지배한다면, 결국 남는 것은 어둠밖에 없을 것입니다. 폭력은 폭력으로 몰아낼 수 없습니다. 서로에 대한 이해와 화합만이 무지에 의한 공포와 폭력을 몰아낼 수 있을 것이라 생각합니다.

'적자생존'이라는 말은 '진화론'만큼이나 잘 알려져 있습니다만, 이 단어로 인해 진화론을 오해하는 사람이 많아졌습니다. 진화라는 용어 자체의 의미 때문에 발전하고 진보하는 느낌이 있지만, 진화는 목적성도 방향성도 가지고 있지 않습니다. 각각의 종이 현재의 모습을 가지게 되기까지의 길을 설명할 뿐입니다.

각각의 생물은 유전자 단위에서 현재도 돌연변이가 발생하고 있습니다. 심지어 글을 쓰는 저 자신의 몸속에서도 유전자 단위의 돌연변이가 발생하고 있습니다. 대다수 돌연변이는 생명체가 가지고 있는 제거 혹은 복구 과정을 통해 사라지거나 치명적인 신체적 결함 또는 질병을 발생시키게 되어 유전자 풀에서 사라지게 됩니다. 그리고 소수의 돌연변이 유전자만 남아 전달되게 되는데, 이 중 일부가 표현형에도 영향을 주게 됩니다. 유전자는 DNA 상태에서의 정보라고 보시면 되는데요. 이것이 해석되어 실제로 발현되는 것을 표현형이라고 합니다. 예를 들어 노란털 정보를 가지고 있는 유전자가 있을 때 이 유전자가 발현되어 노란털이 실제로 생기는 것이 표현형이죠.

이 돌연변이 과정에서는 목적성을 가지지 않습니다. 다만 위에 언급했듯이 일부의 돌연변이만 남아 실제로 영향을 주고, 그로 인해 다양해진 표현형들이 있을 때 주변 환경에 따라 더 살아남기 적합한 개체들만 점점 더 많이 살게 됩니다. 예를 들어 토끼의 경우 처음에는 여러 가지 귀의 길이를 가졌는데, 포식자의 소리를 잘 들을 수 있는 긴 귀를 가진 개체만 살아남게 되었죠습니다.

생존을 가능하게 해주는 요인으로 개체의 수, 피식/포식관계, 날씨, 주변 환경 등 다양한 환경을 들 수 있습니다. 예를 들어 날씨가 추운 곳에 사는 생물체는 체구가 클수록 생존에 유리합니다. 몸무게당 단위 면적이 체구가 클수록 작아져서 열을 보존하는 데 유리하기 때문이죠. 하지만 날씨가 더운 지방의 경우엔 반대로 생명체의 체구가 작을수록 유리합니다. 열을 배출하는 데 유리하기 때문이죠. 그래서 곰의 경우만 보더라도 열대지방의 곰보다 북극에 사는 곰이 덩치가 일반적으로 더 큽니다. 단순하게 두 곰이 싸우면 힘이 더 센 북극곰이 이기겠지만요.

또 다른 재미있는 예가 있습니다. 검은 물고기와 밝은 색의 물고기가 있을 때, 냇가 바닥을 인위적으로 검게 만들었더니 검은 물고기가 많이 살아남았고 그 뒤에 다시 밝은 돌로 바꾸었더니 밝은 색의 물고기 수가 늘어났다고 합니다.

결론은 이렇습니다. "진화는 방향성이 없으며 목적도 없다." 따라서 우리 인간이 어떻게 변화해 갈지도 진화론을 통해서는 예측하기 어렵다고 말씀드려야 할 것 같습니다. 다만 또 몇 만 년이 지난 뒤 우리 인류가 남아 있다면, 진화론을 가지고 지금 우리가 하듯 인류가 변화한 길들을 더듬어 볼 수 있을 것입니다.

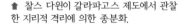

1 큰땅핀치새 2 중간땅핀치새
3 작은나무핀치새 4 녹색솔새핀치새

⬆ 찰스 다윈이 갈라파고스 제도에서 관찰한 지리적 격리에 의한 종분화.

⬆ 허버트 스펜서. 그는 적자생존이라는 단어를 처음으로 사용했다.

모든 것은 내 머리 속에 있다!

텔레파시가 정말 있을까?

나는 다른 사람의 생각을 읽을 수 있고, 생각을 바꾸도록 조작할 수도 있습니다. 생각뿐 아니라 기억마저도 조작하거나 삭제할 수 있고, 나와 비슷한 능력을 가진 돌연변이의 능력도 방어할 수 있습니다. 그러니까 사람의 뇌와 정신에 관여하는 거의 모든 일을 할 수 있다는 뜻입니다. 그렇기에 함부로 내 힘을 사용하지 않도록 늘 조심합니다. 만일 누군가 여러분의 생각을 조정한다고 생각해 보세요. 자기도 모르는 사이 가치관이나 의견이 완전히 달라져서 엉뚱한 행동을 하게 되고, 방금 전까지 가지고 있던 **기억을 잃어버린다**면 얼마나 두렵겠습니까? 눈앞에 있는 가족을 갑자기 못 알아본다면요?

뇌가 무엇인가를 기억하는 방법과 기억 상실증에 대해 알아볼까요? 뇌에 존재하는 신경 세포들은 서로 직접 닿아 있지 않고, 시냅스를 통해 연결되어 있습니다. 이 시냅스를 통해 특정 뉴런의 자극이 다른 뉴런으로 전달되지요.

과학자들은 특정 시냅스들이 강화되는 방법으로 기억이 발생한다고 생각합니다. 예를 들어 어떤 음식을 먹는다면, 그 음식에 대한 냄새, 만드는 소리, 음식의 색과 모양 등이 후각, 청각, 시각적 신호로 변환되어 동시에 뇌에 전달되는데요. 이러한 자극은 특정 시냅스들을 반복적으로 자극합니다. 아주 단순하게 예를 들어 볼게요. 1~10번까지 시냅스가 있다고 했을 때, 라면을 먹을 때마다 1,2,9번 시냅스가 자극을 받아서 강화된다면 나중에는 1번 시냅스만 자극을 받아도 자동으로 2,9번 시냅스도 연결되면서 라면을 떠올리는 방법으로 기억된다는 것입니다(물론 시냅스는 10개만 존재하지 않아요. 소우주라 표현될 만큼 많은 신경세포가 뇌 속에 존재하고, 그보다 많은 시냅스가 존재하니까요).

한편 기억 상실증은 기억을 형성하거나 떠올리는 능력이 떨어진 상태를 말합니다. 다른 뇌 관련 증상(신경 증상 등)을 동반하기도 하거나 단독으로 발생할 수도 있습니다. 기억 상실증은 역행성, 전행성, 일과성 등의 종류로 구별합니다. '역행성 기억 상실증'은 이미 있었던 기억이 상실되는 것을 의미합니다. 나이가 들면서 어린 시절의 기억이 점착 사라지는 것처럼 정상적인 노화에 따라 오기도 하고, 치매와 같은 질병적인 원인에 의해 발생하기도 합니다. '전행성 기억 상실증'은 새로운 기억을 형성하지 못해서 발생하는 것입니다. 일시적, 영구적으로 발생할 수 있으며 술을 마셨을 때 발생하는 기억 손실이 이에 해당하고요, 직접적인 물리적인 뇌 손상에 의해서도 발생할 수 있습니다. '일과성 전체 기억 상실증'의 경우는 다른 신경 증상 없이 서술적 기억 장애가 발생하는 것입니다. 수 시간 정도 증상이 보였다 대개 하루 정도 내에 회복하게 됩니다. 예를 들어 어떤 질문을 하고 답을 들었는데도 그 상황을 싹 잊고 다시 똑같은 질문을 하는 증상 같은 것입니다. 재발할 비율은 15퍼센트 이내라고 합니다. 원인에 대해서는 아직 의견이 분분하지만 일반적으로 기억 상실증은 치매, 알코올, 극심한 스트레스, 경련, 일부 약물 처치, 뇌 손상(물리적 타격, 산소 부족, 뇌 감염, 뇌염) 등에 의해 발생할 수 있습니다.

제가 아주 좋아하는 영화 가운데 <이터널 선샤인>이라는 것이 있습니다. 실연을 당해 슬퍼하는 연인이 서로에 대한 기억만을 선택적으로 지웠지만 다시 운명적으로 사랑에 빠지게 된다는 내용인데, 특정 기억만을 지울 수 있다는 설정 때문에 굉장히 흥미롭게 봤습니다. 물론 현실에서는 이렇게 특정 기억만 지울 수 있는 기술이 없습니다. 왜냐하면 기억이란 것이 특정 지역에 도려내기 편하게 뭉쳐서 저장된 게(마치 여러 명이 찍힌 사진에서 한 명만 오려 내듯이 할 수 있다면 편하게 제거할 수 있겠습니다만) 아니라 다양한 위치의 시냅스들이 강화되어 무엇인가를 기억하는 것으로 여겨지기 때문입니다.

실제로 나와 같은 능력을 가진 돌연변이는 존재만으로도 인간에게나 같은 돌연변이에게나 불신의 씨앗이 될 수 있습니다. 인간과 돌연변이가 서로를 인정하고 평화롭게 살아가는 세상이 되기를 원했지만 아이러니하게도 내 존재 자체가 그 목적을 이루는 데 방해가 될 수 있다는 것이지요. 그러니 내가 어찌 힘을 함부로 사용할 수 있겠습니까? 내가 아직 어린 돌연변이들에게 힘을 조절하는 방법과 사용해야 하는 시기를 가르치려는 것도 이런 이유 때문입니다.

어쩌면 여러분은 내가 허무맹랑한 이야기를 한다고 느낄 수 있을 겁니다. 어렸을 때부터 현대 과학을 공부해 온 나조차도 내 힘을 설명하기 어려웠으니 그렇게 여기는 것도 무리는 아닙니다. 하지만 나의 힘은 정말 강력한 어떤 것입니다.

사실 이런 힘의 역사는 꽤 오래되었습니다. 고대에도 상상의 힘을 각성했던 사람들이 있었거든요. 바로 **텔레파시(telepathy)**의 존재를 믿었던 사람들이죠. 어떤 이들은 이 힘을 갈망하며 손에 넣기 원했습니다. 따지고 보면 수많은 신화 속에 등장하는 신의 말씀을 듣는 예언자나 무녀들도 텔레파시를 통해 듣는 것 아닐까요? 물론 그동안 많은 시도나 실험들이 거짓이라거나 의미 없다고 밝혀진 것도 사실입니다. 실제로 여전히 대다수 마술사들은 **햇 트릭(hat trick)** 같은 기술을 써서 사람들을 감탄하게 만듭니다. 아마 여러분도 보신 적이 있을 텐데요. 종이 위에 쓰인 그림이나 글을 마술사가 직접 보지 않고 맞추는 마술 같은 것이지요. 연습을 엄청 해야겠지만 사실 이 기술은 텔레파시라

◀ 햇 트릭을 선보이는 마술 선전 포스터(1899).

- 텔레파시는 언어나 동작 등을 통하지 않고도 한 사람의 생각, 말, 행동 따위가 멀리 있는 다른 사람에게 전이(transmission)되는 심령 현상을 뜻합니다. '정신 감응'이라고도 해요. 이 말은 1882년 영국 심령 연구학회가 창립되던 해에 창시자의 한 사람인 프레데릭 마이어스가 그리스어로 먼 거리(tele)와 느낌(pathe)을 뜻하는 단어를 합쳐 만든 용어입니다,

- 마술사들이 사용하는 전통적인 속임수 방법으로 모자, 책상, 옷장, 카드 등에 숨겨진 공간을 두고 토끼, 비둘기, 꽃, 사람 등을 숨겨 두었다가 관객의 시야를 가린 사이 숨겨진 공간에서 이런 것들을 튀어나오게 하는 마술입니다.

기보다 속임수에 해당합니다.

또 어떤 이들은 동물과 텔레파시로 의사소통을 할 수 있다고 믿었습니다. 예를 들어 볼게요. 19세기 말에 클레버 한스라는 말이 있었습니다. 이 말은 사람과 의사소통을 통해 숫자 계산을 할 수 있는 것으로 유명했어요. 예를 들어 어떤 사람이 "1 더하기 2가 얼마냐?"고 물으면 한스는 머리를 세 번 흔들었지요. 하지만 나중에 밝혀진 바에 따르면 그 말이 실제로 계산한 게 아니라 조련사의 미묘한 얼굴 지시를 알아챈 것이었다고 합니다. 참 눈치 빠른 말이죠? 사실 이것도 대단한 일이긴 합니다.

실제로 관찰을 통해 사람의 생각이나 마음을 짐작할 수 있는 기술이 발달하고 유행했던 적도 있습니다. 이를 적극적으로 이용했던 대표적인 사람이 도박사입니다. 이들은 서로의 얼굴이나 행동을 관찰

하면서 상황을 판단했습니다. 예를 들어 좋은 패가 뜨면 동공의 크기가 확장되고 나쁜 패가 뜨면 동공이 수축되는 것을 관찰하는 식이었지요. 그래서 흔히 도박사에게는 '포커페이스'가 중요하다고 하는 것입니다. 표정을 들키지 않으려고 선글라스를 끼는 것도 마찬가지 이유죠.

하지만 과학적인 방면에서의 실험은 실패의 연속이었습니다. 19세기 말엽 런던에서 만들어진 심령 연구학회 이후 반복적으로 이뤄진 다양한 실험들은 텔레파시에 대해 온전히 설명할 수 없었습니다. 특히 쌍둥이 간의 텔레파시 실험 같은 것이 그랬어요. 이 실험은 심지어 미국의 어느 정보기관에서조차 **스타게이트 프로젝트**라는 이름으로 진행되었는데요. "지적인 집단에 어울리는 과학적 정보를 전혀 찾아볼 수 없었다"라는 혹평과 함께 프로젝트를 종료해야 했습니다. 하지만 다른 사람의 생각을 읽고 행동에 영향을 주고 싶다는 오랜 욕구는 사라지지 않았고 현재 사람의 행동과 뇌 사이에 모종의 관계가 있다는 이해 아래 연구를 두 가지 방향으로 지속하고 있습니다. 나 또

엑   스   파   일

● 과거 냉전 시대에 CIA 등이 주도하여, 군사 목적으로 텔레파시, 천리안 등을 포함한 초능력을 실험, 개발하기 위해 시작되어 1995년 어떠한 과학적 의미도 없다고 결론을 내리고 프로젝트는 결국 종료되었습니다. 예를 들어 천리안 초능력자로 알려진 사람이 들었다고 말한 내용들은 일반적인 사람들이 뉴스 등을 통해 접한 사실들로부터 유추한 내용 등과 유의미한 차이를 보이지 않았습니다.

한 나의 힘, 내 능력의 진화에 관심이 많아서 그 과정을 꾸준히 지켜보고 있는데요. 저 같은 경우엔 특히 행동 심리학과 과학 기술의 발달에 주목하고 있어요. 사람들의 행동을 과학적인 방법을 통해 분석하고 적용하는 행동 심리학이 나의 능력을 직접적으로 설명해 준다고 보지는 않지만, 뇌와 사람의 사고를 연결시켜 이해한다는 측면에서 보면 간접적으로 추후 나의 힘을 분석하고 사용하는 데 도움을 줄 거라고 생각했기 때문이죠. 실제로 최근의 행동 심리학은 과학 기술의 진보와 함께 발전하는 뇌과학을 바탕으로 상호 보완적으로 사람의 행동을 분석하고 있습니다.

행동 심리학, 한 걸음 더 가까이!

사람의 대화는 크게 언어적인 방법과 비언어적인 방법으로 이루어집니다. 그중 비언어 커뮤니케이션은 표정, 제스처, 신체 접촉, 움직임, 자세, 신체 장식(문신, 옷 등) 등을 통해 이뤄지는 정보 전달 방식을 의미합니다. 소통할 때 언어적인 방식이 더 중요하다고 생각하는 일반적인 생각과 달리 연구 결과 비언어적인 방법이 전체 커뮤니케이션의 60~65퍼센트를 차지한다고 알려졌습니다.

훈련이 되지 않은 사람들이 비언어적인 방법을 조절하기는 매우 어렵습니다. 비언어적 표현들은 대개 무의식적으로 보이지만 사람들의 꾸미지 않은 생각과 감정 및 의도를 알 수 있게 해 주므로 '몸의 언어'라고도 부르지요. 이 같은 표현들은 훈련을 받아 의식적으로 나타나기 쉬운 언어 표현보다 정직할 수 있습니다. 예를 들어 수업 시간에 선생님이 이마나 눈썹 혹은 얼굴을 찡그리고 있다고 해 봅시다. 그 모습을 보면 학생들은 선생님이 뭔가 기분이 안 좋은가 보다, 하고 짐작하게 됩니다. 이때 선생님은 신체의 일부분을 '찡그리는' 무의식적인 행동을 통해 자신의 불편한 어떤 감정과 생각을 불확실하게나마 주변으로 전달한 셈입니다.

1952년 미국의 뇌 과학자 폴 맥린(Paul Maclean, 1913~2007)은 다음과 같이 말했습니다. "인간의 뇌는 파충류의 뇌(뇌간), 포유류의 뇌(변연계 뇌), 인간의 뇌(신피질)로 구성되어 있다"고요. 행동 심리학에서는 이 중 포유류의 뇌라고 불리는 **변연계**를 중요하게 여깁니다. 인간의 뇌로 불리는 **신피질**이 이성적으로 복잡하게 사고한다면, 변연계는 원초적인 반응을 보입니다. 즉, 주변의 자극에 대해 이성적인 사고 과정 없이 즉각적이고 반사적으로 반응하게 만들지요. 현대에 사는 우리들은 이성적인 뇌가 생존에 더 도움이 될 것이라고 생각하지만 오랜 진화의 역사에서 변연계는 동물의 생존력을 증가시키는 데 지대한 공헌을 했습니다. 어떤 동물이 갑작스러운 위험 상황에 처하게 되었을 때 그 개체의 생존 가능성을 높여 주는 행동은 변연계의 지시를 따르기 때문입니다. 갑자기 닥친 위험 상황에서 그것을 이성적으로 분석하고 적절한 행동 지침을 세우고 실행하려면 시간이 많이 필요합니다. 때로는 직관적인 반응이 생존에 더 큰 도움이 되지요.

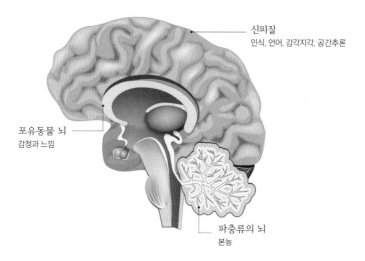

신피질
인식, 언어, 감각지각, 공간추론

포유동물 뇌
감정과 느낌

파충류의 뇌
본능

🔺 파충류의 뇌(뇌간), 포유류의 뇌(변연계 뇌), 인간의 뇌(신피질).

엑	스	파	일

- 본능의 뇌라고 불리는 변연계(Limbic System)는 뇌간(Brain Stem)과 대뇌 피질(Cerebral Cortex) 사이에 있는 신경 세포의 집단으로 구성되어 있습니다. 2억 년에서 3억 년 전에 진화되었는데 포유동물에서 가장 잘 발달되어 있기에 종종 '포유동물 뇌'라고도 불립니다. 체온, 혈압, 심박동, 혈당을 조절하는 기능 외에 생존에 관계되는 감정 작용에 관여하고, 개체 및 종족 유지에 필요한 본능적 욕구와 직접 관계가 있습니다.

- 대뇌 겉질에서 가장 최근에 진화하여 형성된 부분으로 여섯 층의 구조를 이루며 사람 뇌의 거의 대부분을 이룹니다.

좀 더 자세히 말하면 생존을 확보하기 위해 변연계는 행동을 정지(freeze)시키거나, 도망(flight)가게 하거나, 상황이나 원인과 싸우게(fight) 만듭니다. 실제로 많은 동물들이 위협을 만났을 때 정지, 도망,

투쟁의 순서로 반응합니다.

예를 들어 대다수 포식자의 경우 움직임에 민감하게 반응하므로 목표가 된 피식자는 위험을 감지하자마자 행동을 멈추고 천천히 움직이려고 합니다. 야생 동물을 만났을 때 등 돌려서 달아나는 행동보다 계속 동물을 주시하면서 천천히 뒤로 물러나라는 지침을 주는 이유도 빠르게 움직이는 사람들의 행동이 야생 동물을 더 자극할 수 있기에 이를 피하려는 목적에서입니다. 심지어는 일부 주머니쥐의 경우 잡히면 행동을 멈추는 것을 넘어서 아예 죽는 척하는 것으로 유명합니다.

자연으로부터 받는 많은 위협이 사라진 현대인의 경우도 다르지 않습니다. 영화를 볼 때 무서운 장면이 나오면 자기도 모르게 긴장해서 팔이나 손의 불필요한 움직임이 멈춥니다. 또 다른 예도 있어요. 다 같이 있는 집에서 갑자기 벨소리가 울리면 약속이라도 한 듯 모두 행동을 멈추고 조용해집니다. 부모님이나 선생님께 혼나던 상황은 어떨까요? 아마 부동자세로 야단맞았을 겁니다. 바로 정지 반응의 예들입니다. 실제로 일부 테러나 전쟁과 같은 상황에서 위험에 처하게 된 사람들이 용의자가 인근에 있음에도 불구하고 본능적으로 죽은 척하여 목숨을 구하기도 합니다. 이러한 행동들 가운데엔 실제로 인지하지 못했으면서 주변의 정지 반응을 모방하여 나타나는 것도 있습니다. 다만 정지 반응은 위험이 닥쳤을 때 발각되지 않도록 하는 행동에 불과하므로 상황에 따라 적절하지 않거나 최선의 행동이 아닐 수 있습니다.

이제 변연계의 두 번째 지시인 도망을 살펴볼게요. 숲속에 들어갔는데 사자가 너무 가까이 다가왔습니다. 이럴 때는 마냥 가만히 있는 것이 도움이 되지 않습니다. 여러분도 싫거나 불편한 사람이 가까이 오면 한두 발자국 옆이나 뒤로 비켜섰던 경험이 있을 겁니다. 또 관심이 없는 사람과 한 테이블에 앉았을 때 출입구 방향으로 다리를 두고 앉는 것, 당황스러운 상황에서 손으로 얼굴이나 눈을 가리는 행동, 먹기 싫은 반찬이 담긴 접시를 가능한 한 자기 자리에서 먼 쪽으로 밀치는 아이의 모습 등은 사람들이 일상에서 보여 주는 현대판 도망 반응에 해당합니다.

이렇게 도망으로도 충분하지 않을 때 선택하는 최후의 방법은 싸우기입니다. 주변에서 흔히 보는 고양이를 생각해 보세요 낯선 이가 다가오면 처음에는 경계하여 동작을 멈춥니다. 그러다가 조금씩 다가가면 곧 멀리 도망가지요. 하지만 막다른 곳으로 몰리게 되면 이빨과 발톱을 드러냅니다. 사람의 경우도 다르지 않아요. 극심한 두려움이 생기면 이것이 곧 분노의 감정으로 바뀌어 반응하게 됩니다. 재미있는 것은 이러한 사람의 본능을 일찌감치 깨달아 전쟁에 이용하기도 했다는 점입니다. 흔히 말하는 '배수의 진'이죠. 상대적인 전력이 약한 쪽은 강한 적을 만나면 살기 위해 도망가려고 하는 것이 정상적인 반응입니다. 이때 도망갈 수 있는 방법이나 길을 차단하여 적에 대한 두려움을 살고자 하는 용기로 바꾸어 더 열심히 싸우게 하는 전술입니다. 우리에게 가장 익숙한 예가 명량대첩입니다. 연이은 대패로 적에 대한 두려움이 팽배했던 우리 수군을 이끌고 이순신 장군은 물러

🔺 버지니아주머니쥐.

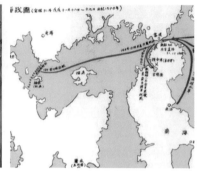

🔺 일자로 늘어선 진형으로 요즘의 횡렬진에 해
당한다.

설 수 없는 일자진을 펴서 적과 대치합니다. 물론 다른 전술도 승리
의 한 요인이 되었습니다만, 결과는 익히 알 듯 우리의 승리였습니다.
이러한 투쟁 전략이 항상 좋은 결과로 연결되는 것은 아닙니다. 임진
왜란에서 배수의 진이 사용된 예가 명량대첩만 있는 건 아닙니다. 신
립의 탄금대 전투에서도 마찬가지로 사용되었습니다. 하지만 이 경우
에는 오히려 도망갈 수 없다는 것이 더 심한 악재가 되어 전멸에 가
깝게 패배하지요. 따라서 투쟁 반응은 피할 수 있으면 최대한 피하는
것이 생존에 더 도움이 될 수 있습니다.

다만 현대 사회에서는 직접적인 폭력으로 반응하는 것을 문화적,
사회적, 법적으로 금지하므로 주로 비물리적인 방법을 써서 싸웁니다.
논쟁을 하거나 모욕을 주거나 빈정거리는 언어를 사용하는 것들이
그 예입니다. 민사 소송 역시 사회적으로 허용되는 현대적인 투쟁 반
응이라고 볼 수 있습니다. 물론 분노를 조절하지 못해 주먹이 입보다

빠르게 나가는 경우도 있습니다. 친애하는 나의 늑대 친구처럼요.

이러한 변연계의 반응은 때로 실패하기도 했지만 오랜 시간을 넘어 후대에 이르기까지 각각의 동물 종이 살아남을 수 있도록 큰 도움을 주었습니다. 인간 종도 예외는 아니에요. 500만 년 이상 스트레스와 위험에 맞서면서 성공적으로 이 과정을 다듬어 왔다고 할 수 있습니다. 내가 좋아하는 드라마 〈스타트렉〉에서 변연계를 너무 정확하게 표현한 대사가 나와 이를 소개합니다. 바로 "변연계의 최고 목적은 종으로서 인간의 생존을 확보하는 것이다"라는 것인데, 여러분도 이 말을 수긍하시나요?

다만 변연계의 지시를 따르는 이러한 행동들은 억제하고 감추려고 해도 드러날 가능성이 높다는 게 흠입니다. 갑작스럽게 큰 소리가 나면 누구나 놀라잖아요. "갑자기 큰 소리가 나거나 무서운 상황이 닥쳐도 절대 놀랐다는 표현을 하면 안 돼. 비명을 질러도 안 되고 움직여도 안 돼"라고 한다면 어느 누가 이런 지시를 따르겠어요? 변연계를 '정직한 뇌'라고 부르기도 하는 배경입니다.

앞에서 짧게 언급했던 행동 심리학은 이처럼 비언어적인 행동에 대한 관찰을 통해 다른 사람의 생각이나 의도를 파악하는 것이라 정리할 수 있습니다. 예를 들어 어떤 사람의 콧구멍이 팽창되고, 실눈이 되고, 꽉 다문 입술이 떨린다면 그는 분명 긴장하고 있거나 화를 참는 등 부정적인 감정 상태에 있는 것입니다. 물론 얼굴 표정뿐 아니라 목이나 다리 등 다양한 신체 부위의 변화를 함께 관찰해야 하고, 부정적인 감정 중 정확하게 어떤 감정을 가지고 있는지 알 수 없다는

한계도 있습니다. 하지만 반복적으로 자세히 관찰한다면 오차를 줄일 수 있겠지요.

행동 경제학, 이건 또 뭐지?

사람들이 보여 주는 즉각적인 행동 반응을 관찰하는 것을 넘어 사람들의 행동을 결정하는 요인에 대한 가설과 이론을 통해 각 사람들의 선택에 영향을 주는 것이 무엇인지 탐구하는 사람들도 있습니다. 대표적인 것이 '행동 경제학'입니다.

합리적인 선택을 하는 사람이라면 중요한 일을 결정할 때 신중하게 생각하고 깊이 고민합니다. 본인이 가지고 있는 모든 정보를 활용하고, 서류에 적힌 작은 글자 하나까지 자세히 읽고 이해한 뒤에 선택을 결정할 테지요. 시간이 많이 걸리긴 했지만 이러한 과정이 옳았다고 생각하며 만족해 합니다. 본인이 합리적인 사람인 것 같아 뿌듯해지죠.

그런데 놀랍게도 많은 경우 사람들은 수고가 덜 들고, 책임이 덜한 선택지를 고르게 된다고 합니다. 심지어 무엇을 선택해야 할지 확신하지 못하면서 선택하는 경우도 있습니다. 물론 시카고 학파의 밀턴 프리드먼(Milton Friedman, 1912~2006)처럼 인간의 합리성에 대해 확고한 신념을 가진 경제학자들은 동의하지 않겠지만 말입니다. 하지만 대다수 사람들은 작은 선택 앞에서도 우왕좌왕하게 마련이잖아요? 오늘 점심으로 학식을 할까, 매점 빵을 먹을까, 몰래 편의점에 다녀올까 고민하는 것처럼요. 따라서 많은 사람들이 조금 더 나은 선택지를 고르게 하기 위해 경제학자 리처드 탈러(Richard H. Thaler, 1945~)와 법학자 캐스 선스타인(Cass R. Sunstein, 1954~)은 『넛지*Nudge*』에서 사람들이 스스로의 자유 의지로 선택을 내린다는 착각에서 벗어나지는 않으면서 실제로 좋은 결정을 내릴 수 있도록 '선택 설계(choice architecture)'를 해야 한다고 주장했습니다.

선택을 설계하다니, 무슨 뜻일까요? 간단히 말하면 아무것도 선택하지 않았을 때의 선택지(디폴트 옵션)를 사람들의 장기적 이익에 도움이 더 많이 될 수 있도록 설정하는 것입니다. 왜냐하면 디폴트 옵션은 자연스럽게 사람들에게 정상적인 선택으로 받아들여지게 되고 이로부터 벗어나는 것에 대해 더 많은 고민을 하게 만들고, 더 많은 책임이 필요하며, 때로 후회를 유발한 가능성이 더 높은 것으로 여겨지기 때문입니다. 예를 들어 무료 백신 프로그램을 다운로드 받을 때 대다수 사람들은 약관이나 선택지에 대한 고민 없이 권장 사항을 선택(디폴트)하는 경우가 많습니다. 그리고 얼마 뒤에 그 사람들의 대다수는 원치 않았던 프로그램이 같이 깔려 있는 경험을 하게 됩니다. 설치 전에 제대로 꼼꼼히 읽어 보고 이해했다면 이런 불편한 상황은 피해 갈 수 있었을 텐데요.

몇몇 예를 통해 짐작할 수 있는 것처럼 인간들은 생각보다 합리적이지 않습니다. 이 같은 생각을 바탕으로 탈러는 미래 대비 저축(Save More Tomorrow) 프로그램을 제안했습니다. 노동자가 받아야 하는 임금의 일부를 고용주가 고정 비율에 따라 자동으로 저축하는 제도인데요. 고용자가 저축을 중단해 달라고 통보하면 멈출 수는 있지만 그렇지 않고 권장 사항(디폴트)을 그대로 유지한다면 계속 임금의 일부를 저축하게 되는 구조지요. 이 혁신을 통해 저축률이 개선되었고 더 많은 근로자가 자산을 형성할 수 있었습니다.

이런 방식을 통해 다른 사람의 생각과 마음을 읽고 그들의 행동에 영향을 주는 심리학은 나의 능력과 비슷하다고 할 수 있을 것입니다. 다만 그 범위와 정도는 비교할 수 없겠지만요.

나의 능력은 과학 기술과 어떻게 연결될 수 있을까

기술과 텔레파시

19세기 과학자들은 뇌 속에 전기 신호가 전달된다고 생각했습니다. 실제로 1875년 리처드 카튼(Richard Caton, 1842~1926)은 사람의 두피에 전극을 연결하여 뇌에서 방출된 미세한 전기 신호를 포착했습니다. 이것은 나중에 한스 베르거(Hans Berger, 1873~1941)에 의해 뇌파 측정기(Electroencephalograph, EEG)로 발전합니다. 사람의 사고 활동이 뇌 속의 전기 신호와 관련된다는 생각은 잘못된 이야기가 아닙니다. 그러나 **뇌파**는 강도가 너무 미약하며 불규칙적이어서 주변 잡음과 크게 다르지 않다는 것, 그리고 결정적으로 사람의 뇌에는 다른 사람의 뇌로부터 나온 신호를 수신할 수 있는 기관이 없다는 것, 따라서 이를 통해 직접적으로 텔레파시의 원리를 규명하거나 재현하기는 한계 뇌파를 설명하려면 먼저 뇌에 대해서 설명해야 합니다. 인간의 뇌는 대략 1000억 개의 뇌세포로 구성되는데요, 이를 '뉴런'이라고 합니다. 각각의 뉴런에는 수상돌기, 축삭돌기 들이 있으며 이를 통해 뉴런들이 서로 연결됩니다. 이러한 연결을 '시냅스'라고 합니다. 코, 눈, 혀, 손 등에서 제공하는 정보는 전기적 신호로 변환되어 뇌로 전달되고, 뇌세포는 수상돌기를 통해 이 전기 신호를 받아들여서 축삭돌기를 통해 다른 뇌세포로 신호를 전달합니다. 기억하는 방법에 대해 말씀드린 것처럼 동일한 정보(라면)를 받을 때마다 동일한 시냅스가 강화되어 학습하고 기억하게 되는 것입니다.

이렇게 뇌세포 간에 전기 신호가 전달될 때 전기적 파동이 발생합니다. 하나의 전기적 파동은 너무 미약해서 검출하기 어렵지만, 뇌 전체에서 발생한 파동들은 측정이 가능한데요, 이것이 바로 '뇌파'입니다. 뇌파는 크게 두 가지로 구분됩니다. 시각, 촉각, 청각 등의 외적인 자극에 의해서 발생하는 경우와 외부 자극 없이 뇌의 활동으로 인해 발생하는 경우입니다. 후자는 또 다섯 가지 종류로 나누어집니다.

'델타파'는 가장 적게 진동하며, 깊은 수면이나 의식 불명 시에 나타납니다. '세타파'는 잠들기 직전 또는 창의적인 생각을 할 때 발생하며, 성인보다는 어린이에서 더 많이 나타납니다. '알파파'는 눈을 감고 편안한 상태일 때 보이며, 눈을 뜨면 약해지기에 시각과 관련되어 있다고 간주하지요. '베타파'는 눈을 뜨고 활동할 때 나타나며 생각이 많거나 걱정이 많을 때 증가하다가 초조해지거나 집중을 많이 하게 되면 '감마파'로 나타나기도 합니다.

세레브로는 마블 세계관에 존재하는 기계로, 뇌파를 강화시켜 능력을 증폭시켜 줍니다. 프로페서엑스가 머리에 쓰고 의식을 집중하는 모습을 본 적이 있을 거예요.

가 따른다는 것도 분명한 사실이지요.

1950년 신경 외과의인 와일더 펜필드(Wilder Penfield, 1891~1976)는 간질 환자의 뇌를 수술하던 중에 측두엽의 특정 부위를 전극으로 자극하면 환자가 목소리를 듣거나 환영을 보게 된다는 사실을 발견합니다. 후에 신경 과학자 마이클 퍼싱어(Michael Persinger, 1945~2018)는 이러한 사실에 입각하여 라디오파가 나오는 헬멧을 만들어 실험을 했습니다. 흥미롭게도 이 헬멧을 쓴 사람들은 붕 뜬 상태에서 누군가가 다가와 속삭이거나 신의 음성이 들리는 것 같은 초현실적인 경험을 했다고 전해지는데요. 이 부분이 발전한다면 미래에는 특정 부위에 특정 전자기파 신호를 쏘아서 구체적인 영상을 볼 수 있도록 만들 수 있지 않을까 싶습니다. 하지만 아직은 요원해 보입니다.

텔레파시를 설명하지 못하면서 위의 내용을 군이 언급한 데엔 이유가 있습니다. 내 뇌의 특정 부위가 일반 사람들과 달리 타인의 미묘한 뇌파 신호를 구분하여 받아들이면서—나 스스로도 정확한 이유를 알 수는 없지만— 나의 뇌에서 방출된 전자기장이 다른 이의 뇌에 직접적으로 영향을 주고 있는 것 같기 때문입니다. **세레브로(Cerebro)** 사용으로 내 능력이 증폭되는 이유도 이와 관련되어 있지 않을까요? 다만 일반인에게 해당하는 내용이 아니기에 다시 한 번 과학 발전에 의해 지속된 시도를 설명하려 합니다.

어떻게 다른 사람의 생각을 '읽을' 수 있을까?

양자역학의 발전에 힘입어 최초로 사람의 생각을 거칠게나마 들여다볼 수 있는 기술이 개발되었습니다. 대표적인 것이 fMRI(기능적 자기공명 영상, functional Magnetic Resonance Imaging)인데요, 먼저 MRI에 대해 설명하겠습니다.

MRI는 커다란 자석이라고 생각하면 됩니다. 자석은 잘 알려져 있듯이 N극과 S극으로 나눠지며, 주변에 자기장을 형성하게 됩니다(자기력선 그림을 보면 이해하기 쉽습니다). 그리고 자성을 가진 물체끼리는 서로 영향을 주어 잡아당기거나 밀치는데요. 사람의 몸도 이 같은 자석의 힘에 영향을 받습니다. 그중 가장 영향을 많이 받는 것이 수소입니다.

사람 몸의 70퍼센트는 물로 구성되어 있는데요. 이 물은 두 개의 수소와 하나의 산소로 구성되어 있습니다. 그중 수소의 원자핵에는 하나의 양성자가 존재하게 되는데 이 양성자를 작은 자석으로 생각하면 됩니다. 물 분자 속의 수소 원자핵은 마치 지구가 자전축을 가지고 회전하듯이 중심축을 가지고 회전합니다. 다만, 각기 다른 수소들은 모두 다른 중심축을 가지고 있다는 것을 기억하면 좋겠습니다. 즉, 서로 다른 방향으로 회전하고 있다는 뜻입니다.

이때 거대한 도넛 모양의 자석인 MRI 기계에 사람이 들어가게 되면 MRI에서 발생한 강한 자기장이 사람 몸속의 수소에 영향을 주게 됩니다. MRI의 자기장이 너무나 강하므로 약한 수소 원자핵들은 그 힘을 따를 수밖에 없고, 이때 각자 따로 돌던 수소 원자핵들은 일제

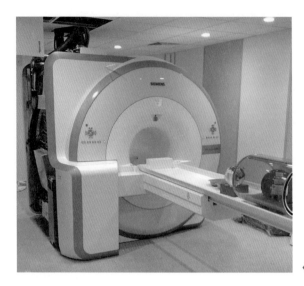

◀ MRI기계

히 같은 축을 가지고 같은 방향으로 돌게 되지요. 이 일정한 방향의 회전 운동에 의해 일정한 주파수의 전자파가 발생하여 방출되는데, 이 전자파는 강도가 아주 많이 약해서 검출하기가 어렵습니다.

이때 라디오를 들을 때 사용되는 라디오파(고주파)를 사람에게 쏘아 줍니다. 라디오파의 힘은 강한 편이라서 수소 원자핵의 중심축을 움직이게 해 줍니다. 회전 운동의 폭도 커지게 되고요. 이에 따라 방출되는 전자파의 크기도 증가하여 비로소 전자파를 검출할 수 있는 것이지요(핵자기 공명 현상). 다만 이런 방법으로 얻어진 영상은 근육, 지방, 뼈 등의 신호 차이가 크지 않아서 구별하기가 어려웠습니다. 이 문제를 해결하기 위해 사용하는 것이 **T1, T2 강조 영상**입니다.

fMRI는 산소를 머금은 혈액에 집중하여 혈류의 변화와 관련된 라디오파를 끊어주면 MRI의 힘밖에는 남지 않기 때문에 다시 모든 수소 원자핵이 원래의 축으로 돌아오게 됩니다. 이때 63퍼센트 정도의 원자핵이 원래의 축으로 돌아오는 데 걸리는 시간을 T1 이완 시간이라고 합니다. 그리고 말장난 같지만 변화된 축이 37퍼센트 정도 남을 때까지 걸리는 시간을 T2 감쇄 시간이라고 합니다(63퍼센트와 37퍼센트는 각 조직 간의 신호가 가장 차이나는 시점이라고 보면 됩니다). 각 신체 조직들에 따라 포함하고 있는 수소의 양과 조직 특성이 다르기 때문에 발생하는 신호의 강도와 원래 축으로 돌아오는 시간이 다릅니다. 공명이 막 발생했을 경우에는 영상을 찍어도 각 조직 간의 신호 차이가 크지 않아 구별하기가 어렵습니다. 하지만 일정 시간이 지난 후 영상을 찍게 되면 각 조직 간의 신호 크기가 다르기 때문에 구별하기가 쉬워집니다. T1 이완 시간의 차이를 이용한 것이 T1 강조 영상이고, T2 감쇄 시간의 차이를 이용한 것이 T2 강조 영상입니다. 그리고 이 둘을 비교하여 더 정확한 검사 결과를 얻게 됩니다. 예를 덜어 T1 강조 영상에서는 물이 많을수록 상대적으로 신호가 약하게 되어 검게 나오고, 반대로 지방의 경우 신호가 강해서 하얗게 나옵니다. 반대로 T2 강조 영상에서는 물이 하얗게 나오고 지방이 검게 나옵니다.

변화를 영상화하는 장비입니다. 뇌의 활동 증가가 혈류의 증가와 관련되었다는 점에 착안하여 개발한 기계인데요. 혈액이 집중되어 있는 부분의 활동이 왕성하다고 파악합니다. 수 밀리미터 영역을 집중적으로 관찰하여 수 초 이내에 영상화할 수 있다는 장점 덕분에 뇌의 사고 패턴 연구에 사용합니다.

이것을 이용하여 만든 것이 fMRI 거짓말 탐지기랍니다. 다니엘 랭글벤은 이 기계를 가지고 학생들을 대상으로 실험해 보았습니다. 먼저 학생들을 기계 안에 들여보낸 다음 그곳에서 거짓말을 하게 합

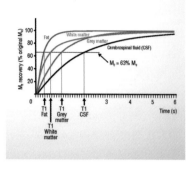

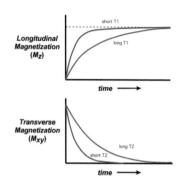

🔺 신체 조직 별로 수소 원자핵의 축이 원래대로 돌아오는 데 걸리는 시간의 차이에 따른 T1 그래프로, 63% 정도 돌아오는 시간을 기준으로 할 때 조직 간의 차이가 가장 크므로, 이때를 기준으로 영상을 얻는다.

🔺 위쪽 그래프는 T1 그래프, 아래쪽 그래프는 T2 그래프로 서로 간에 반대 경향을 보이므로, T1 강조 영상에서는 뇌척수액(물) 〉 회백질(grey matter: 중추 신경계의 신경 세포가 모여 있는 곳) 〉 백색질(white matter: 신경 섬유가 모여 있어 회백질 사이 신호를 전달하는 곳) 〉 지방 순으로 하얗게 나오며, T2 영상에서는 반대 순서로 뇌척수액이 하얗게 나오고, 백색질, 지방, 뇌척수액 순으로 갈수록 검게 나오게 된다.

니다. 그러면 거짓말과 관련된 뇌의 영역으로 혈류량이 증가하게 되는데, 이를 fMRI로 통해 알아내는 실험이죠. 즉, 학생들이 거짓말할 때 전두엽과 측두엽, 대뇌 변연계의 특정 부위가 활성화되는 것을 확인한 것입니다. 하지만 실험 결과를 100퍼센트 확신하기는 어려웠어요. 거짓말 자체를 알아내는 것이 아니라 거짓말할 때의 뇌 상태를 감지하는 것이어서 불안한 심리 상태에 있다면 진실을 말하더라도 거짓말을 하는 것처럼 보일 가능성이 있었기 때문입니다. 예를 들어 하버드대학교에서 수행한 같은 실험에서 피험자가 손가락, 발가락을 움직이면 정확도가 33퍼센트 감소하는 것을 확인했습니다.

그렇다고 해도 MRI가 사람의 사고 과정을 추적할 수 있는 유의

미한 기술이라는 점은 부인하기 어렵습니다. 물론 다른 사람의 생각을 아무 문제없이 읽어 내는 나의 능력에 비하면 MRI의 한계는 분명해 보이지만요.

'생각의 사전'을 만들어라

fMRI로 분석할 수 있는 최소 단위를 '복셀(voxel)'이라고 합니다. 하나의 복셀은 수백만 개의 뉴런으로 구성되어 있으므로 개개의 생각을 분리해 내기에는 형상이 너무 거칠 수 있습니다. 이론상으로 보면 하나하나 뉴런을 구별할 수 있는 기술이 개발되어야 합니다. 그러나 어려운 일이지요. 따라서 차선책으로 특정 물체나 단어에 대해 fMRI 촬영을 진행한 뒤 잡음을 최대한 제거하여 일일이 기록하는 방법을 사용하는 이른바 '생각의 사전'을 만들려고 노력하는 중입니다.

사람들이 기억을 떠올리고 감정을 느끼며 학습하는 사고 과정은 뇌 세포 간의 연결을 통해서 이루어집니다. 그 과정에서 전기적 신호가 발생하는데 이 신호는 매우 빠른 속도로 다른 영역으로 전달됩니다. 한 가지 사고에 뇌의 특정한 하나의 부분만 관여하는 게 아니라고 여기는 이유입니다. 이것을 '신경망'이라 부르는데요. 여기서 혈류 등의 움직임을 통해 뇌를 간접적으로 바라보는 것보다 더 정확한 정보를 얻을 수 있을 것으로 기대합니다. 이러한 기대에서 인간보다 뉴런의 개수가 작은 쥐를 실험체로 하여 신경망 지도를 작성하는 프로젝트가 시작되었고, 그 결과도 얻었습니다. 뇌를 가늘게 잘라 초정밀 전자 현미경을 사용하여 분자 단위로 뇌의 움직임을 관찰하는 방법입니다.

그러나 단편적인 분석으로 생각을 읽는다는 건 현재로서 불가능한 일로 보입니다. 따라서 뇌파와 fMRI 결과와 특정 생각을 엮어 생각의 사전을 작성하는 것이 현재로서는 최선의 방법으로 여겨져요. 인간 게놈 프로젝트의 성공이 생명 과학에서 판도라의 상자를 본격적으로 열었다고 평가되듯이 신경망 지도 프로젝트의 시도와 완성도 사람의 사고 과정을 이해하는 데 큰 역할을 할 것이라고 기대합니다.

더불어 소개하고 싶은 내용이 하나 더 있습니다. 현재 진행 중인 실험 가운데 '감금 증후군' 환자를 대상으로 한 것이 있는데요. 감금 증후군은 인지 능력은 정상인데 신체를 거의 또는 전혀 움직이지 못하는 희귀 질환을 말합니다. 기껏해야 눈을 깜박이는 것 정도가 최선인 경우가 많아요. 바로 이 질환을 앓고 있는 몇몇 환자의 뇌에 전극을 심어 뇌의 신호를 수집하고, 이렇게 모은 신호를 특정 동작이나 단어로 해석하려는 연구입니다. 만약 이 실험이 성공한다면 환자들은 뇌 신호를 통해 직접 말하는 것처럼 대화할 수 있을 테고, 이 기술이 상용화된다면 다른 사람의 생각이나 감정을 읽는 데 이용할 수도 있겠지요.

이 밖에 뇌의 안팎을 전기 신호로 연결하려는 시도 역시 지속적으로 진행 중인데요. 그중 일부는 상용화되기도 했습니다. 대표적인 것이 바로 생체공학적 의료기기들입니다. 예를 들어 최첨단 보청기인

'바이오닉 귀'는 외부 귀에 이식되어 환경 내의 소리를 흡수하고 걸러 낸 다음 인간의 목소리만 남기지요. 그런 다음 이 목소리를 전기적인 신호로 변환하여 뇌로 전달합니다. 또 다른 예로 '생체 공학 의수'가 있습니다. 미국의 어느 전기 기술자는 사고로 잃은 두 팔 대신 생체 공학 의수를 시술하여 완전하지는 않지만 팔이 남아 있는 것처럼 생활하게 되었습니다. 뇌에서 나온 신호가 초소형 컴퓨터에 의해 전기적 명령으로 변화되어 의수를 움직이는 방식을 적용한 것입니다. 더나아가 현재는 이와 반대로 의수가 느끼는 촉각을 뇌로 전달하는 방식이 실현되기를 기대하고 있습니다.

놀라운 점은 이러한 시도들이 과학계 변두리에서 조용히 진행되는 게 아니라는 사실입니다. 실제로 일부 기업체에서는 적극적으로 관련 연구에 투자하고 있지요. 예를 들어 페이스북에서는 'Typing by brain project'를 통해 뇌에서 생각을 바로 읽어 타이핑하는 기술에 투자했고, 또 다른 회사에서는 뇌 신경망 활동의 패턴 분석(더하여 뇌질환에 대한 연구)을 위한 시각적 신호를 전기적 신호로 변환하는 새로운 광 이미징 시스템 개발에 뛰어들었습니다.

그러나 아직까지는 내 능력을 과학적으로 분석하기가 어려울 것 같습니다. 게다가 일반 사람들은 물론 나와 같은 돌연변이들에게도 큰 공포를 줄 것 같아서 마음이 편치 않습니다. 일부 사람들은 나에게 믿음과 신뢰를 가질 수도 있습니다만, 어쩌면 그들조차도 그런 마음이 나에 의해 조작되었을 수 있다는 불안감을 가질지도 모릅니다. 나는 그런 점들이 내가 바라는 믿음과 사랑을 바탕으로 서로를 받아들이는 발전된 사회를 이루는 데 방해가 되지 않을까 걱정입니다. 이제 나의 책임은 내 능력을 과용하지 말고 적재적소에 사용하면서 인간과 돌연변이 모두의 신뢰를 구축하는 것이 될 터입니다.

돌연변이여 영원하라

희망 업무

나는 회사의 최고 관리자가 되기를 원합니다. 내가 가진 이상을 실현하려면 다양한 일이 동시에 진행되어야 하기 때문입니다. 차별받고 억압받는 돌연변이들을 구출하는 업무, 차별과 억압에 폭력적으로 반응하지 않도록 구성원을 다독이는 일, 구출된 돌연변이들이 각자의 상처로부터 벗어나도록 돕기, 그들이 자신의 힘을 조절하고 책임감을 갖도록 가르치기, 사람들이 돌연변이에 대해 품고 있을 공포심을 줄여가는 프로젝트……. 이처럼 해야 할 일이 너무나 많기에 최고 관리자가 되어야 한다고 주장하는 것입니다. 내가 가진 능력을 감안한다면 최고 관리자 역할에 나보다 더 어울리는 사람을 찾기 어려울 거라고 장담합니다.

♟ 영화 <조커> 포스터(네이버 영화)

장래 포부

영화 〈조커〉에서 사회적 약자였던 플렉은 한 코미디 방송에서 자신이 겪은 고통과 사회적 모순을 고발합니다. 점점 더 분노하던 플렉은 자신을 조롱하던 사회자를 총으로 쏘아 죽입니다. 플렉의 살인을 지켜보던 성난 군중들은 오히려 거리로 쏟아져 나와 플렉을 영웅처럼 받들면서 추앙합니다. 그리고 플렉은 빌런 조커가 됩니다. 하지만 변한 것은 없었습니다. 그가 일으킨 폭력은 혼란이 되어 고담시를 더 암울하게 만들 뿐이었습니다. 구조적인 변화가 없었기 때문이죠.

아무리 정당한 상황이라도 폭력은 폭력을 부른다고 믿습니다. 나는 현재의 불평등한 구조를 폭력 없이 변화시키고 싶습니다. 돌연변이와 인간. 어느 한쪽이 우위에 서는 세상이 아니라 서로가 화합하고 이해하는 세상. 그것이 내가 하는 일의 최종 목적입니다.

수험표

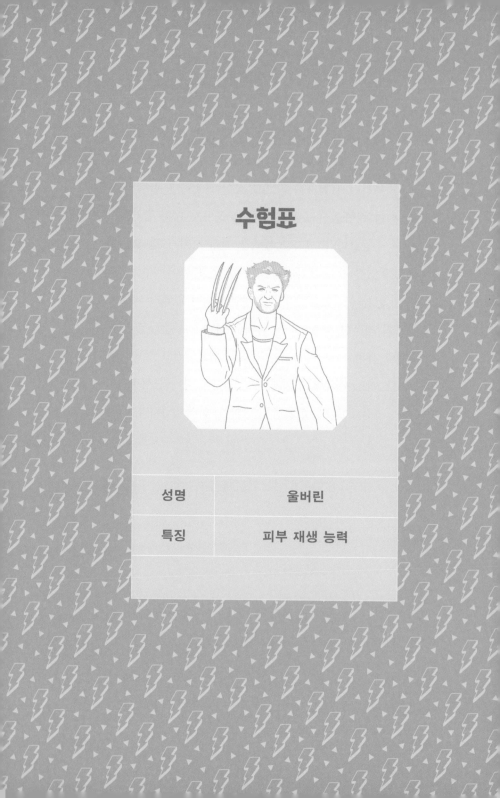

성명	울버린
특징	피부 재생 능력

피부 재생 능력자
울버린

전설의 새드 맨, 울버린입니다

최강 치유 능력을 가진 히어로

세상은 나를 휴 잭맨(Hugh Jackman)이라는 할리우드 영화배우와 동일시하지만, 나는 돌연변이 인간이고, 그는 평범한 인간입니다. 사람(호모 사피엔스)이라는 같은 종으로 구분되긴 해도 우리는 엄연히 앞에 붙는 수식어가 다르죠. 평범한 호모 사피엔스 휴 잭맨은 키가 188센티미터나 되는 장신이고, 나는 160센티미터밖에 되지 않으니 중간 정도입니다.

하지만 몸무게는 내가 한 수 위입니다. 인터넷상에 떠도는 그의 몸무게가 실제 수치라면 휴 잭맨은 고작 77킬로그램이니까 UFC 체급으로 따지면 웰터급 혹은 미들급에 속합니다. 나로 말하자면 88킬로그램이니 라이트 헤비급에 속하고, **아다만티움** 골격까지 포함하면 136

아다만티움(Adamantium)은 마블 코믹스 만화책에 등장하는 가상의 금
속 합금입니다. 울버린의 골격과 손등의 칼날에 결합된 물질이죠.

킬로그램이나 되는 슈퍼 헤비급입니다. 인간들이 비만의 척도로 종종
이야기하는 BMI지수(신체질량지수, body mass index)로 환산해 보더라도
그는 나보다 한참 아래입니다.

나에게는 부모님이 지어주신 제임스 하울릿(James Howlett)이라는
본명이 있고, 로건(Logan)이라는 또 다른 이름도 있습니다. 사실 이 이
름은 나에게 돌연변이 유전자를 물려준 내 친아버지의 이름입니다.
아버지 이름을 쓰는 것은 그를 잊지 않기 위한 나만의 방법이죠.

입사 지원자들 중 이름에 얽힌 사연 하나 없는 이가 어디 있겠습
니까만, 내겐 유독 이름에 관련된 사건이 많습니다. 너무 오래 살아서
그런 걸까요? 사실 150년이란 세월은 내 본명을 잃어버리기엔 충분히
긴 시간이죠. 나를 제임스로 알고 있는 이들이 세상을 떠난 지도 벌
써 수십 년 지났으니 말입니다. 아직 남아 있는 사람이라곤 나의 배
다른 형제 세이버투스(빅터)뿐입니다. 내가 그토록 미워하는 자가 내
본명을 알고 있는 유일한 존재라니, 참으로 얄궂은 인생입니다.

제임스 혹은 로건, 회사가 나를 어떻게 부르든 나는 전혀 상관하
지 않겠습니다. 그러나 굳이 나에게 어떤 이름으로 불리고 싶냐고 묻
는다면 나는 주저 없이 다른 이름을 내밀 것입니다. 내 정체성을 표현
해 주는 데 그보다 적합한 이름은 없을 테니까요. 아, 벌써 뭔지 알겠

다고요? 네, 울버린(Wolverine)입니다. 나는 밤하늘에 떠 있는 달처럼 외로운 존재입니다. 한때나마 진심을 다해 사랑했던 여인이 나에게 달과 얽힌 전설을 들려주었는데요, 나는 그 이야기에서 영감을 얻어 이후 내 별명을 전설 속에 등장하는 울버린으로 정했습니다.

빠르게 흘러가 버린 세월이 내 기억을 앗아간 것과 더불어 머릿속에 박힌 아다만티움 총탄마저 내 소중한 추억들을 산산조각 낸 탓입니다. 따라서 모든 것을 내가 믿고 싶은 대로 믿으며, 다른 것들은 오로지 추측에 기댈 수밖에 없습니다. 삐뚤어진 마음으로 그러는 게 아니라는 점, 미리 양해 부탁드립니다. 내가 선명하게 기억하는 것 몇 가지가 있습니다. 제2차 세계대전 이후 일본인 여성 이쯔를 만나 결혼했다는 것, 그녀와의 사이에서 다켄이라는 아이가 태어났다는 것, 그 뒤로 윌리엄 스트라이커를 만나 저주받은 인생을 살게 됐다는 것입니다. 불행하게도 가족에 대한 추억은 더는 없어요.

나는 유달리 몸이 허약했습니다. 어린 시절부터 몸에 맞지 않는 돌연변이 능력을 받아들인 탓인 듯합니다. 학교 근처엔 가 보지도 못했고 그저 주변에서 전해들은 것이 전부입니다. 나는 예전부터 학교에 대한 로망을 가지고 있었어요. 누군가 "학교는 따뜻한 곳"이라고 했던 말이 기억에 남습니다. "배움은 곧 성장의 원동력이고 그 배움은 따뜻한 가르침에서부터 나온다"고 들었거든요.

학교에 대해 아는 건 하나도 없지만 나는 느낄 수 있습니다. 이 회사가 분명 나에게 학교 같이 따뜻한 존재가 되어 줄 것을 말입니다. 지금껏 내 동물적인 직감은 단 한 번도 틀린 적이 없으니까요.

협업하면 강해진다

즐겨 찾는 바의 빈 테이블에 앉아 내 앞날에 대해 고민하던 어느 날이었어요. 누군가가 나에게 말을 걸었습니다. 그들 두 사람은 자신들역시 돌연변이로서 나와 함께하기를 원한다고 말했습니다. 나는 정중히 그들을 돌려보냈습니다. 내가 누굽니까, 이래 봬도 '외로운 울버린'이 아닙니까? 그들이 어찌 받아들였는지 모르겠지만 내 딴에는 나름정중했어요. 예상과 달리 그들은 순순히 물러났습니다. 나에게서 살기를 느꼈는지 아님 아직은 때가 아니라고 생각했는지 그것은 잘 모르겠습니다.

그로부터 몇 년 뒤 나는 비로소 깨달았습니다. 내가 인생 절호의찬스를 놓친 것이라는 사실을 말입니다. 세상을 떠돌던 나는 종종 엑스맨 주식회사의 활약상을 접할 기회가 있었고, 그때마다 나는 과거의 잘못된 선택을 안타까워하곤 했습니다. 솔직히 말해, 해를 거듭할수록 늘어 가는 직원 수를 보면서 나는 조바심마저 들었습니다. 그후로 나는 길고 긴 후회의 시간을 보냈습니다. 왜 그때 찰스 자비에와에릭 렌셔의 손을 잡지 않았을까, 하면서 자책도 많이 했습니다.

이제 와서 생각해 보면 내가 참 어리석었던 것 같습니다. 당시 그들은 공동 창업자를 찾아 나섰을 뿐인데 어쭙잖은 자존심으로 호의를 저버렸으니 말입니다. 영광스런 엑스맨 주식회사의 창립 멤버라는 명예를 내던진 멍청이였죠. 나는 뒤늦게 깨달았습니다. 다른 이들과 협업하는 것이 내가 더욱 강해지는 길이라는 것을 말이에요. 지금이라도 늦지 않았다면, 내 나름의 개인적인 상황을 회사가 이해해 준다면, 나는 꼭 여러분과 함께하고 싶습니다. 분명 회사 어딘가에 나를 필요로 하는 부서가 있을 것입니다.

함께 가야 오래 간다

"자존심만 앞세우지 말고 다른 사람들과 함께하자."

　얼마 전에 생긴 나의 좌우명입니다.

무한 맛집을 자랑하는 돌연변이

아다만티움의 탄생

나의 능력은 윌리엄 스트라이커를 만나기 이전과 이후로 나뉩니다. 입사를 희망하는 지금, 흐릿해진 예전의 기억을 끄집어내 정확하지도 않은 과거의 능력을 이야기하는 건 옳지 않다고 생각합니다. 따라서 스트라이커를 만난 이후, 즉 나의 골격이 아다만티움으로 변한 뒤에 얻은 능력 위주로 특기사항을 설명하겠습니다. 우선 아다만티움이라는 놀라운 재료에 대해 알려드리지요.

나의 배다른 형제인 빅터를 포함하여 다른 돌연변이들과 함께 스트라이커의 명령에 복종하며 피에 굶주린 짐승처럼 떠돌던 시절의 일입니다. 우리는 아프리카의 어느 조용한 마을을 습격했습니다. 그들이 보유한 어떤 특별한 돌의 행방을 알아내기 위해서요. 마을 주민들은 그 돌을 '하늘에서 떨어진 돌'이라 부르며 신성시했습니다. 학살에서부터 오는 죄책감을 이겨 내지 못한 나는 중도에 이탈했지만, 나를 제외한 스트라이커의 하수인들은 끝끝내 애초의 목적을 달성하고야 말았습니다.

그들은 운석에서 지구상에 존재하지 않는 원소를 추출해 기존의 다른 원소들과 혼합했고, 그렇게 얻어낸 합금을 아다만티움(Adamantium)이라 불렀습니다. 그리스 로마 신화에서 대지의 신 가이아가 농경의 신 크로노스에게 주었다는 낫, 정확히는 낫의 재료(아다만트)가 그 어원이라고 들었습니다. 신화가 탄생하던 시기가 철기 시대인 것으로 보아 당시의 아다만트는 철이었으리라는 게 일반적인 시각입니다. 그러나 스트라이커의 아다만티움은 철로 추정되는 아다만트와 여러 면에서 다릅니다. 가장 큰 차이점은 물질의 조성에 포함된 원소의 종류와 개수입니다.

합금의 역사가 궁금하다면?

사람들은 예전부터 두 가지 이상의 물질이 고르게 섞이면 예상치 못한 일이 벌어진다는 충격적인 사실을 알고 있었습니다. 인류 역사를 돌이켜볼 때 대부분의 혼합은 강도 향상이 주 목적이었으니까요. 획기적인 첫 번째 케이스가 바로 푸르스름한 구리, 즉 청동(bronze)의 발명, 아니 '발견'이었습니다. 아니, 이것도 아닙니다. 발명인지 발견인지 불행하게도 정확히 알지 못하니 '등장'이라고 표현하는 편이 좋겠습니다.

청동의 등장은 쉽사리 믿기 어려운 사건입니다. 지구상에 극히 소량만 분포되어 있던 **주석(Sn)**을 어찌 발견했는지, 구리에 주석을 섞어야겠다는 생각은 또 어떻게 했는지, 모든 재료를 녹여 낼 수 있는 고열은 또 어디에서 어떻게 만들어 냈는지 모두 놀라울 따름입니다. 주석(녹는점 232도)과 아연(녹는점 420도)이야 쉽사리 녹으니 큰 걱정이 없다지만, 구리(녹는점 1085도)는 이들과 차원이 다르니 말입니다. 마른 장작을 모아 불을 피워도 최고 온도를 찍는 건 잠시일 뿐, 게다가 이때는 풀무라는 열증폭 장치가 빈번히 쓰이던 시절도 아니지 않습니까? 대체 무슨 수로 1000도를 훌쩍 넘어서는 고열을 오랫동안 공급했을까요?

내 시나리오상의 가능한 방법은 단 하나, 산불입니다. 암석을 종류별로 모을 필요도 없고, 애써 불을 피우지 않아도 되니까요. 큰 규모의 산불 한 번이면 암석에 포함된 금속 원자들이 서로 혼합될 수 있습니다. 그것도 원자 단위로 완벽하게 말이에요. 물론 산불의 규모에 따라 가능성이 갈리겠지만, 규모가 큰 경우 1200도에 육박한다는

엑   스   파   일

주석은 원자번호 50번의 은백색 금속 원소입니다. 탄성 한계 이상의 힘을 받아도 부서지지 않고, 가늘고 길게 늘어나는 성질인 연성 및 두드리거나 압착하면 얇게 퍼지는 성질인 전성이 크고, 녹슬지 않습니다. 이렇듯 높은 가공성은 물론 녹는점까지 낮다는 특성을 지니고 있어서 인류 역사에서 가장 오랫동안 사용되어 온 금속 중의 하나이죠.

사실도 이미 잘 알려져 있죠.

구리와 주석, 혹은 아연과 납까지 동시에 포함한 암석이 존재했고 그 지역에 우연히 1000도를 넘어서는 고열의 향연이 펼쳐졌다면 구리를 포함한 합금이 탄생할 가능성은 매우 높습니다. 전 세계에서 발견된 청동 제품의 재료와 비율이 천차만별인 것만 보더라도 내 시나리오의 가능성이 높다는 방증 아닐까요?

나는 이렇듯 언제나 논리적이며 합리적인 사람입니다. 신체적인 특성 때문에 '무식하게 힘만 쓴다'는 이미지가 굳어진 듯하지만 이는 나를 잘 모르는 이들이 갖는 편견이자 고정관념에 불과합니다. 나는 적어도 청동이 외계인의 선물이라 믿는 일부 인간들보다는 이성적입니다.

물론 미개한 인류를 위해 외계의 종족들이 발 벗고 나섰다는 주장을 펼치는 그들이 전적으로 잘못됐다는 말은 아닙니다. 의심의 끈을 조금 느슨하게 풀어 보면 모두를 충분히 이해시킬 수 있는 의견이니까요. 또 어떤 측면에서는 반박하기 어려운 주장이기도 합니다. 왜냐고요? 가능성이 아예 없는 게 아니잖아요. 드넓은 우주에 이성을 탑재한 종족이 어디 인간뿐이겠습니까? 지구만 따져도 나름대로 두뇌 회전이 가능한 동물들로 차고 넘치는 걸요. 고작 반경 6400킬로미터밖에 되지 않는 행성에서 수천 년째 일등 자리를 내 주지 않는다고 해서 우주 전체의 절대자임을 자처할 수는 없습니다. 그들이야말로 자신들만 잘났다고 우기는 인간 부류보다 훨씬 정감 있고 개방적인 사고를 갖고 있다고 생각합니다.

돌연변이의 입장에서 보면 무언가를 주장하는 인간들은 대체로 두 부류인 듯합니다. 나름의 논리를 세워 이를 근거로 자신의 귀를 꽉 닫은 채 바득바득 우기는 집단, 그리고 복잡한 걸 원하지 않아 제3자에게 떠넘기는 집단이죠. 전자에 속한 이들도 문제지만 후자에 속한 이들의 문제점 또한 만만치 않습니다. 후자에 속한 이들이 오히려 더 큰 문제를 야기한다고 생각해요. 진화의 개념으로 판단해 보면 그들이야말로 자기 종족을 위기로 내몰 수 있는 세력들입니다.

'안 쓰는 건 필요 없고 필요 없는 건 이내 사라지기 마련'이라는 **용불용설(用不用說)**의 주창자 라마르크(Jean-Baptiste Pierre Antoine de Monet, chevalier de Lamarck, 1744~1829)의 주장대로라면 복잡한 걸 싫어해 생각하길 거부하는 이들은 점점 뇌의 크기가 작아질 수밖에 없습니다. 그러면 세월이 지날수록 뇌 용량이 일정 수준 이하로 줄어들 테고, 결국 다른 동물들이 지구 최강 종족의 자리를 꿰어 차게 되겠지요. 불 보듯 뻔한 거 아닙니까?

우리 돌연변이들은 인간의 이러한 행태를 반면교사로 삼아 두뇌

엑	스	파	일

문자 그대로, 자주 사용하는 기관은 세대를 거듭함에 따라서 잘 발달하며 그러지 못한 기관은 점점 퇴화하여 소실되어 간다는 학설입니다. 1809년에 라마르크가 제창한 것인데요. 그는 이러한 발달과 미발달이 자손에게 유전한다고 주장했습니다. 하지만 20세기에 들어서 급속히 발전한 유전학 덕분에 유전자의 역할이 밝혀지면서 라마르크의 용불용설은 오류로 판명되었습니다.

를 꾸준히 갈고 닦아야 해요. 지금은 매그니토 패거리들처럼 힘으로 몰아붙이는 방법이 통하는 시대가 아닙니다. 도대체 언제까지 모든 일을 힘으로 제압할 생각일까요? 원조 짐승남인 내 입에서 이런 말이 튀어나오니 조금 어색하지만 어느 순간부터인지 내게 찰스 자비에의 인생철학이 가슴 한쪽에 자리 잡았음을 고백하지 않을 수 없습니다. 이 회사의 창단 멤버를 인생의 멘토로 두고 있는 나는 사실 두뇌 퇴화로의 지름길을 택한 인간들과 질적으로 다릅니다.

다시 청동 이야기를 해 보죠. 기원이야 어쨌든 당시 돌로 대표되던 도구 시장의 판도를 청동은 어떻게 뒤집어 놓았을까요? 그 뒤로 철로 이어졌던 도구의 진화는 어떻게 가능했을까요? 강함을 추구하는 인류는 왜 그 종착지를 철기 시대로 정했을까요? 나는 그 답에 대한 힌트를 최고의 밀리언셀러 『성경』에서 찾았습니다.

구약성경에서 힌트를 얻다

예수가 태어나기 전(Before Christ; B.C.)의 기록인 『구약성경』, 그중에서도 고대 이스라엘의 선지자인 예레미야(B.C. 627?~B.C. 586?)와 에스겔(B.C. 622?~B.C. 560?)의 기록에 다음과 같은 구절이 나옵니다.

"풀무를 맹렬히 불면 그 불에 납이 살라져서 단련하는 자의 일이 헛되게 되느니라. 이와 같이 악한 자가 제거되지 아니하나니.(예레미야 6:29)"

◀ 풀무로 불 피우기.

"사람이 은이나 놋이나 철이나 납이나 상납(주석)이나 모아서 풀무 속에 넣고 불을 불어 녹이는 것 같이 내가 노와 분으로 너희를 모아 거기 두고 녹일지라.(에스겔 22:20)"

나이 차이가 열 살도 나지 않는 두 명의 선지자들은 분노에 대해 이야기하면서 어김없이 '풀무'라는 단어를 썼습니다. 풀무란 우리가 알고 있는 그대로 바람을 불어 불의 힘을 키워 주는 도구, 한마디로 열증폭 장치입니다. 이들은 또한 풀무를 빌미로 강력한 고열에 대한 두려움을 언급했습니다. 당시 주변에서 익숙하게 접할 수 있었던 금속들, 예를 들어 은(silver, 녹는점 962도), 놋쇠(brass, 녹는점 910-1000도), 철(iron, 녹는점 1538도), 납(lead, 녹는점 328도), 주석(tin, 녹는점 232도)을 모조리 녹여 낼 수 있는 강도라고 하니 얼마나 강렬하다는 말인가요? 남의 말 잘 안 듣는 인간들이 오금을 저리기에 충분한 표현이었을 겁니다.

아다만티움의 놀라운 특징들

나는 이 두 선지자들의 기록에서 내 몸의 골격을 이루고 있는 아다만티움의 특징을 대략 발견할 수 있었습니다. 원수 같은 스트라이커에게서 합금의 재료에 대해 단 한마디도 들은 적 없었지만 다행스럽게도 나는 이성적이고 합리적인 두뇌를 갖고 있는 돌연변이입니다. 덕분에 크게 두 가지 특징을 찾아낼 수 있었습니다.

첫째. 녹는점이 어느 범위 내에서 다양할 수 있습니다. 이 말은 녹는점이 넓은 영역에서 다양하되 큰 틀을 벗어나지는 않는다는 뜻입니다. 이 특징은 에스겔 선지자의 기록을 통해 유추할 수 있는데요. 그는 풀무의 불구덩이에 넣는 재료의 범위 안에 합금인 놋쇠를 포함시켰습니다. 우리에게 '황동'이라는 이름으로 더욱 잘 알려진 이 금속은 구리와 아연의 혼합물입니다. 현대인들이야 비교적 쉽게 재료 수급이 가능한 터라 혼합 비율을 대략 2대 1로 정해 놓고 섞는다지만, 자그마치 2700년 전에는 이런 일이 가당키나 했을까요? 줍는 대로 얻는 대로 혹은 손에 잡히는 대로 넣었겠지요. 즉, 비율이 천차만별로 다양했을 거라는 뜻입니다. 풀무 불에 몸을 맡기는 놋쇠마다 원소의 함유 비율이 다를 수밖에 없었을 거라는 이야기죠.

더욱이 합금이라는 혼합물은 겉으로 보기엔 사이좋은 한 몸처럼 보이지만, 실상은 두 영혼이 몸 하나를 공유하는 개념입니다. 아무리 서로 죽이 잘 맞아 원자 단위의 혼합을 이루었다고 해도 절대 하나가 될 수는 없어요. 너는 너, 나는 나, 구분이 확실한 겁니다. 똑같은 온도의 불속에 몸을 담근다 해도 각 부위, 각 원소마다 느끼는 체감 온도가 다르다는 것이지요. 체감 온도는 주변에 있는 원자들이 어떤 종류인지, 빈틈이 있는지 없는지 등에 따라 달라지는데요. 이는 마치 수십, 수백, 수천의 다른 재료들이 한 데 엉켜 있는 듯한 착각을 불러일으킵니다. 예를 들어 어디는 이제 막 녹기 시작했는데, 또 어디는 이미 한참 전부터 녹아 있고, 또 어느 부분은 아직 꿈쩍도 하지 않은 상황이라는 뜻입니다.

인간을 비롯한 우리 돌연변이들은 900도, 1000도, 1100도처럼 어느 한 포인트로 존재하는 녹는점에 익숙합니다. 하지만 매정한 합금은 수많은 점들을 한 움큼 집어내며 "이것이 내 녹는점들입니다"라고 외칩니다(정확히 표현하면 수많은 녹는'점'들이 모여 녹는 '영역'으로 존재한다는 의미입니다. 조성 변화에 따라 녹는점은 연속적으로 변하기 때문에 합금에서 녹는점이라는 '포인트'는 존재하지 않습니다). 일례로 놋쇠(일명 황동)는 "나의 녹는점은 910~1000도 사이야"라고 두루뭉술하게 이야기할 뿐 어느 한 지점에 딱 고정시키지 않습니다. 내 몸속의 골격 또한 합금으로 분류된다고 하니 분명 정확한 녹는 포인트를 집어낼 수 없을 겁니다.

나의 두 번째 특성을 설명하겠습니다. 합금 재료 중 하나의 끓는점이 나머지 재료의 녹는점보다 낮지 않다는 것입니다. 사실 상식적으로 충분히 이해가 되는 부분입니다. 합금을 만들려면 먼저 각 물질들이 액체 상태로 융해되어야 합니다. 고체를 아무리 잘게 부숴 혼합한다 한들 원자 단위까지 떨어뜨리지 못하면 이는 완벽한 혼합이라

할 수 없거든요. 그런 방법은 단지 눈속임에 불과할 뿐입니다. 시력이 좋은 돌연변이를 데려온다면 단번에 '불균일 혼합'이라는 에러 메시지를 띄울 겁니다. 만에 하나 운이 좋아 그들에게서 OK 사인을 얻어냈더라도 프로페서 엑스처럼 내면을 꿰뚫어 보는 검사원을 만난다면요? 결국 액체들끼리 고르게 섞는 것만이 시력 좋은 돌연변이 검사원들과 독심술을 쓰는 최종 심의자 모두를 만족시킬 수 있는 유일한 해법입니다.

그런데 문제는 이제부터입니다. 액체들이 서로 뒤엉키는 순간에 어느 하나가 기체가 되어 훨훨 날아가 버리는 상황을 상상해 보십시오. 녹이는 행위 자체가 의미를 잃어버리겠죠. 굳이 애써 녹일 필요가 없다는 말입니다. 왜냐고요? 어차피 전부 날아가서 하나만 남게 될 텐데, 이것을 다시 식힌다 한들 합금이 될까요? 예레미야는 자신의 기록에서 이 같은 문제점을 콕 집어냈습니다.

"풀무를 맹렬히 불면 그 불에 납이 살라져서 단련하는 자의 일이 헛되게 되느니라."

바로 이 대목이죠. 납의 끓는점은 1749도, 풀무가 큰 맘 먹고 한 번 움찔하면 그 정도쯤은 도달할 수 있는 모양입니다. 그 순간, 납은 기체가 되어 날아가기 시작하고, 강함을 얻기 위해 여러 재료를 때려 넣은 '단련하는 자'는 하늘로 사라져 버린 납 기체를 바라보며 눈물을 지을 수밖에 없는 거죠. 내 골격을 이루고 있는 재료들이 무엇이든 그들은 예레미야 선지자의 예언에서 자유로울 수 없습니다.

브라비 아다만티움

또 하나의 단서

성경뿐만이 아닙니다. 나는 스트라이커를 만나기 전과 후의 내 몸무게 변화를 토대로 내 몸에 자리 잡은 재료의 또 다른 특성을 알게 되었습니다. 앞에서 나는 휴 잭맨과의 차별성을 언급하면서 전과 후(before/after)의 몸무게를 각각 88킬로그램과 136킬로그램이라 밝혔는데요. 이 뜻은 곧 같은 부피를 차지하는 아다만티움의 무게가 기존 뼈의 무게보다 무려 48킬로그램 더 나간다는 것을 의미합니다. 빽빽한 구조의 치밀골이든 얼기설기 듬성듬성한 해면골이든 가리지 않고 빈틈없이 내 몸 206개의 골격 곳곳에 아다만티움 액체를 채워 넣은 덕분입니다.

기존 골격의 무게가 성인 일반인의 몸무게 대비 12~15퍼센트 정도를 차지하고, 뼈의 밀도는 대략 1600~1900kg/m³ 정도 되니 이를 **부피로 환산**해 보면 다음과 같습니다.

88kg × (0.12~0.15) / (1600~1900kg/m³) × (1000L/1m³) = 5.6~8.3L

즉, 적게는 5.6리터, 많게는 8.3리터의 아다만티움이 나의 골격을 대체했다는 뜻입니다. 이것을 아다만티움의 질량(58.6~62.1kg=88kg×0.12~0.15+48kg)으로 나눠 밀도를 계산해 보면 다음과 같습니다.

밀도=질량/부피=
(58.6~62.1kg)/(5.6~8.3L) × (1L/1000cm³) × (1000g/1kg)
=7.1~11.1g/cm³

그렇습니다. 내 몸속에 단단히 눌러앉은 아다만티움은 7~11g/cm³의 밀도를 지닌 합금이었던 것입니다. 지구상에 있는 합금들과 비교할 때 밀도 값이 이 범위 안에 들어오면서 동시에 뛰어난 강성을 보이는 금속들은 헤아릴 수 없이 많아요. 고대 철기 시대를 이끌었던 강철부터 '스뎅'이라는 속어로 불린 스테인리스 스틸(stainless steel)까지 말입니다. 운석에서 얻은 외계의 물질이 기반이 되었다는 사실을 포함시키면 몇 안 되는 후보군으로 압축되지만, 굳이 그런 존재를 들추면서까지 추측할 필요는 없다는 게 나의 개인적인 의견입니다. 재료의 종류는 차치하고 당장 비율만 조금 바꿔도 강성 혹은 밀도 값이 부피를 우리에게 익숙한 리터(L) 단위로 환산하려면 다음의 기본 개념을 알고 있어야 합니다.

$1m^3=1000L$, $1L=1000cm^3$

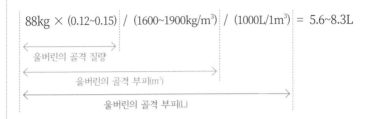

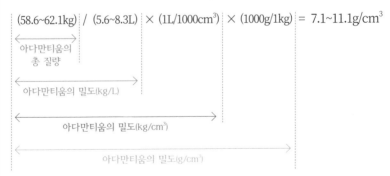

큰 폭으로 달라지는데, 추측이 무슨 소용 있겠습니까? 차라리 "합금의 다양한 재료와 다양한 비율을 고려할 때 매우 많은 경우의 수가 있을 수 있다"고 정리할 수 있는데요. 아다만티움을 만든 스트라이커조차도 모든 경우의 수를 테스트해 보지는 못했을 겁니다. 몇 가지 중에서 본인의 입맛에 맞는 조합을 골라 정했을 테지요. 어때 스트라이커, 내 말이 맞지?

하늘에서 스트라이커가 이런 나의 외침을 듣는다면 깔깔대고 박장대소할 일입니다. 일부 인간들은 내 아다만티움 골격을 주제로 설왕설래하고, 심지어 자기들끼리 토론을 벌이고 있다고 들었습니다. 그들은 또 하나의 운석 기반 금속인 블랙 팬서의 비브라늄까지 들먹이면서 어느 것이 더 강한지 열띤 논쟁을 벌인다고 하더군요. 강한 것, 더 강한 것을 추구하는 것이 인간의 본성이니 내가 뭐라고 할 일은 아닙니다. 나도 은근히 뭐가 더 센지 알아내길 기대하고 있습니다.

한번 알아볼까요? 우선 그 무게에 있어서는 비브라늄의 승리입니다. 같은 부피를 가정했을 때 철 무게의 1/3밖에 되지 않는다고 하던데, 이로써 밀도 역시 같은 수준($7.87g/cm^3$ × 1/3)이라는 점을 짐작할 수 있습니다. 스트라이커가 또 한 번 미워지는 순간이네요. 기왕 줄 거면 훨씬 가벼운 비브라늄이나 넣어 줄 일이지……. 하긴 그가 눈에 보이지도 않는 와칸다 땅을 찾아 비브라늄을 손에 넣긴 어려웠을 테니 따져도 소용없는 일이긴 합니다. '역사엔 가정이 없다'지만, 만약 그가 아다만티움과 비브라늄을 모두 손에 넣었더라면 아마 스트라이커는 찌리(?)가 아닌 마블 최강 빌런으로 거듭났을지도 모릅니다. 참,

캡틴아메리카의 방패는 최강과 최강의 만남, 즉 아다만티움과 비브라늄의 합금입니다. 두 금속을 모두 손에 넣은 자는 토니 스타크의 아버지인 하워드 스타크 단 한 명으로 족합니다.

아다만티움의 후예들

인간들은 스트라이커의 아다만티움과 와칸다의 비브라늄에 만족하지 않았습니다. 이 두 금속은 '합금 개발'이라는 이름의 방아쇠를 당겼습니다. 보다 강한 합금을 만들어내기 위해 연구에 박차를 가한 거죠. 철 원자들 사이의 빈틈(interstitial site)을 탄소 원자에게 내어주기도 하고, 물과 공기로 인한 부식을 막겠다며 멀쩡한 일부 철 원자를 끌어낸 뒤 그 자리(substitutional site)에 크롬(Chromium) 원자들을 앉히기도 했습니다.

인간들의 합금 개발을 위한 연구 과정을 보다 쉽게 설명하기 위해 신박한 비유를 하나 들어 보겠습니다. 바로 나의 정신적 멘토, 찰스 자비에(프로페서 엑스)가 이끄는 자비에 영재학교가 새로운 교육 시스템을 받아들이는 가상의 상황입니다.

프로페서 엑스는 영재학교의 보다 나은 교육 환경을 위해 큰 결심을 합니다. 매그니토 진영에 있는 돌연변이들을 자비에 영재학교의 교사로 받아들이기로 한 거예요. 이미 교사 자리가 꽉 차 있는 상황에서 자비에가 임의로 미스틱의 자리를 하나 더 만들어 주었습니다.

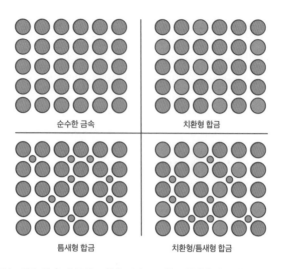

⬆ 순수한 금속, 대체, 중간 및 둘의 조합을 보여주는 합금 형성의 서로 다른 원자 메커니즘.

낙하산 인사죠. 비록 빈틈을 비집고 들어온 낙하산 교사지만, 미스틱의 능력은 타의 추종을 불허하기 때문에 다른 교사들과 쉽게 융합할 수 있었습니다. 철 원자들의 빈틈을 비집고 들어온 탄소 원자로 빗대어 이해할 수 있는 상황이죠. 그러던 어느 날, 프로페서 엑스는 또 한 번 큰 결심을 합니다. 낙하산 인사로서 새로운 교사를 임용한 것에 대한 죄책감이 들었던 걸까요. 교장의 자리를 매그니토에게 넘겨주기로 한 겁니다. 학교의 분위기 쇄신을 위해 본인이 먼저 앞장서겠다는 취지였어요. 이렇게 되면 얼마 가지 않아 영재학교의 분위기는 이전과 달리 공격적으로 변하게 될 거고, 학교의 이름도 자비에 영재학교가 아닌 렌서 영재학교로 바뀌게 될 테죠. 일부 철 원자의 자리를 차지하고 앉은 크롬 원자들의 상황에 빗대어 이해할 수 있는 상황입니다.

가상으로 만들어 본 첫 번째 상황과 두 번째 상황. 이들은 모두 두 집단의 융합을 통해 학교를 보다 강하게 만들기 위한 방법인 셈입니다. 이제 다시 원자의 혼합 상황으로 돌아갈게요.

인간들은 원소 주기율표에서 크롬(원자번호 24번, 6족)과 비슷한 특성을 보이는 녀석들을 추려서 또 다시 합금의 세상 속으로 들이밀었습니다. 텅스텐(원자번호 74번, 6족)과 몰리브덴(원자번호 42번, 6족)이 당사자들인데요. 인간들은 이들을 이용한 조합이라면 가리지 않고 모조리 테스트했습니다. 텅스텐과 몰리브덴을 서로 혼합하고, 6족 이외의 다른 원소들과 섞기도 했습니다.

그들의 이 같은 레이더망에 마침내 타이타늄(원자번호 22번, 4족)과 지르코늄(원자번호 40번, 4족)이 걸려들고 말았습니다. 이름 하여 TZM 합금(Titanium+Zirconium+Molybdenum)이 탄생하는 순간이죠. 철이 탄소 원자를 머금고 강한 존재가 된 모습에 큰 감명을 받은 인간들은 몰리브덴 바다에 탄소를 빠뜨리되 탄소와의 결합이 상대적으로 용이한 타이타늄과 지르코늄을 조미료로 이용한 것입니다. 또한 인간들은 우연이었긴 해도 텅스텐 역시 철과 마찬가지로 탄소를 받아들이면 강해진다는 사실을 알게 됐는데요. 그 결과 곧이어 탄화텅스텐(tungsten carbide)이라는 금속이 만들어졌습니다. 이 금속을 녹이는 데엔 무려 2800~2900도의 극한고열이 필요했습니다. 그만큼 탄화텅스텐이 견고하고 단단했기 때문입니다.

이에 더해 최근엔 비정질 합금(amorphous alloy)이라는 이름의 생소한 금속까지 등장했습니다. 액체처럼 원자들의 배열이 자유롭다고 해서 일각에서는 이들 중에서도 특정 금속에게 '리퀴드메탈(Liquid metal)'이라는 말도 안 되는 이름마저 붙여줬어요. 수은(mercury) 이외의 액체 금속은 지구상에 존재하지 않는다고 배웠던 우리에게 이 이름은 정말 충격적입니다. 센세이션을 불러일으키고 싶은 의도가 다분히 느껴져요. 굳이 그런 이름을 짓지 않아도 충분히 놀랄 만한데 말입니다. 온몸을 아다만티움으로 중무장한 나조차도 이 금속이 개발됐다는 소식을 처음 접했을 때 전율이 일었습니다. **비정질**이라는 단어 때문이었어요. 적어도 내가 아는 한도 내에서는 이 수식어가 금속의 세계에서는 절대 통용될 수 없는 것이었기 때문입니다. 플라스틱 세계에서나 쓸 법한 단어를 과감히 가져다 쓴 인간들은 정말이지 대담한 돌아이 아니면 얄팍한 사기꾼, 둘 중 하나일 것이라 생각했습니다.

그러나 인간들은 내가 생각하는 것 이상으로 똑똑했어요. 그들은 고온에서 액화된 금속을 급격하게 냉각시킴으로써 결정 자체를 없애버리는 묘책을 떠올렸습니다. 정말 묘책이죠? 그들은 뜨거운 액상 금속을 차가운 물에 담그는 것도 모자라 차가운 금속판 위로 흘려보냈습니다. 바로 '초급랭(splat cooling)'이죠. 1960년 미국의 캘리포니아 공과대학에서 시작된 비정질 합금의 물결은 이내 전 세계로 뻗어나갔

엑	스	파	일

'비정질'이란 원자, 이온, 분자 따위가 규칙적으로 배열되어 있지 않은 고체 물질을 이릅니다. 액체 상태에서 고체로 굳을 때 그 어는점이 분명하지 않아서 결정을 이루지 못한 물질로, 보통의 결정성 물질과 다른 특성을 보입니다.

고, 50여 년이 지난 지금은 지르코늄, 타이타늄, 구리, 니켈을 포함한 수많은 원소들이 비정질 합금의 바다에 사이좋게 발을 담그고 있습니다. 그들의 공생으로 인해 얻어진 합금은 결정이 없으니 결정대로 쪼개지지 않고, 강도는 일반 철의 몇 배에서 많게는 수십 배 수준에 이른다고 합니다. 게다가 어느 정도 살짝 열을 공급하면 마치 플라스틱처럼 점성을 가진 상태로 변하기에 가공성이 뛰어나다는 장점도 있고, 어떠한 결정 구조도 갖고 있지 않아서 금속 표면에 얼굴이 보이듯 겉이 맨질맨질합니다. 굳이 흠을 잡아 보자면 수백도의 고온 환경에서 다시금 금속의 본모습인 결정체로 돌아간다는 것 정도라고 할까요? "나는 누구인가? 내가 온 곳은 어디이며, 돌아갈 곳은 어디인가?" 하면서 철학적인 고뇌에 빠졌던 비정질 합금은 고열 환경에 적응하느라 그동안 잊고 있었던 자신의 정체성을 깨닫고는 이내 '결정 상태'라고 하는 고향 땅으로 돌아갑니다.

잠깐! 어디서 들어본 것 같은 상황이죠? 네, 아다만티움 총알이 머리에 박힌 뒤 기억을 잃고, 그 이후 기억을 찾겠다며 온 세상을 이 잡듯이 뒤지고 다니던 내 모습과 판박이입니다. 역시나 평행 이론은 실재하는 것이었을까요?

비정질 합금의 운명과 내 운명이 동일한 것으로 보아 내 몸에 자리 잡은 아다만티움 역시 결정성이 없는 비정질 합금인 것 같습니다. 그렇지 않고서야 이렇게 비슷할 수 있겠습니까? 본래의 자리로 돌아가려는 의지, 이것은 분명 나를 포함해 비정질 합금이라는 몸을 지닌 이들이 공통으로 갖는 또 하나의 특성 아닐까요?

돌연변이여 영원하라

희망 업무

사실 내가 돌연변이로서 갖는 진정한 진가는 아다만티움 골격이 아닌 다른 능력으로부터 나옵니다. 바로 치유 능력이지요. 생각해 보세요. 매번 날카로운 아다만티움 뼈대가 피부를 찢으며 밖으로 튀어나올 때, 곧바로 피부 재생이 되지 않았다면 내 몸은 지금쯤 산산조각이 나고 말았을 겁니다. 선천적인 치유 능력이 있었기에 지금의 짐승남 울버린이 존재할 수 있었다는 걸 잊지 마세요. 어떻습니까? 후천적으로 얻어 낸 아다만티움 골격보다는 선천적으로 보유하고 있는 치유 능력에 좀 더 애정이 갈 수밖에 없겠죠? 내 몸속의 치유 유전자야말로 내가 돌연변이일 수 있었던 진정한 요소니까요. 나는 내 유전자가 돌연변이 세상에 널리 퍼지기를 원합니다. 부득이하게 치러지는 인간들과의 싸움에서 상처 입은 우리 종족들에겐 마음 편히 쉴 수 있는 공간이 없습니다. 피부가 찢기고, 뼈가 으스러진 그들을 반겨 주는 병원조차 단 한 군데 없습니다. 의사와 간호사들은 거의 모두가 자신의 동족인 인간들의 건강만 중요하게 다루니까요.

앞서 언급했듯이 나는 나의 배다른 형제 빅터와는 질적으로 다릅니다. 사는 데 급급해 잠시나마 그와 같은 길을 걸었지만, 나는 태생적으로 살생을 싫어해요. 잠시나마 남의 신체에 해를 입히는 일을 업으로 삼았던 내가 할 말은 아니지만 내 가슴과 심장은 언제나 나에게 이렇게 외쳤습니다. "그들을 위해 너의 유전자를 내어 주라!"고 말이에요. 너무 늦지 않았다면, 나는 지금이라도 다친 자들을 위해 이 한 몸 희생하고 싶습니다.

이 회사가 앞으로 더욱 성장해 나가기를 원한다면 딱 두 가지만 기억하면 될 것입니다. "첫째, 울버린의 치유 유전자를 연구하는 의료기관을 설립한다. 둘째, 스트라이커와 같은 모험심을 가져야 한다." 스트라이커는 비록 나의 원수이긴 하지만 연구를 위한 도전과 모험심만큼은 뛰어났던 사람입니다. 그 점만큼은 인정하지 않을 수 없습니다. 나는 이 회사가 더욱 번창하길 희망합니다. 그러려면 의료기관의 총책임자로서 '나, 울버린'을 꼭 채용해야 할 것입니다.

장래 포부

회사는 앞으로도 꾸준히 나와 같은 신입사원들을 뽑을 테지요? 10년이 지나고, 20년이 지나고, 50년, 100년이 지난다고 가정해 봅시다. 회사의 초창기 모습과 변천사를 포함한 전반적인 회사 사정을 뼛속까지 낱낱이 알고 있는 이는 오직 나 하나일 것입니다. 매그니토가 그토록 아끼는 미스틱 역시 노화가 거의 일어나지 않을 뿐 위급 상황에서는 남들과 똑같이 목숨이 위태롭습니다. 다시 말해 영원히 이 회사에 남아 과거의 영광을 후대에게 전해 줄 수 있는 유일한 이는 세포의 재생이 가능하여 노화마저 빗겨가는 울버린, 로건뿐이라는 뜻입니다.

내가 굳이 장래 포부를 직접 밝히지 않아도 웬만한 돌연변이들은 이미 잘 알고 있습니다. 울버린이 엑스맨 주식회사의 차기 대표이자 영원한 경영 책임자에 적임자라는 사실을 말입니다.

수험표

성명	미스틱
특징	은신과 속임수

은신과 속임수의 마법사
미스틱

슈퍼 빌런에서 조율자로

더는 부끄럽지 않아

내 이름은 레이븐 다크홀름(Raven Darkholme)입니다. 하지만 미스틱 (Mystique)이라고 불러주는 게 더 좋습니다. 내가 돌연변이라는 게 자랑스러우니 말입니다.

"돌연변이여, 스스로를 자랑스러워 해라!(Mutant, And Proud)"

생물학적 부모에 대해선 애정도 관심도 없습니다. 이름도 기억하고 싶지 않아요. 다른 모습을 가진 나를 미워했던 건 이해하지만 딸을 죽이려고까지 했던 사람들을 과연 부모라 부를 수 있을까요? 찰스, 아니 프로페서 엑스가 어린 나이의 내게는 부모이자 첫 친구이자 첫사랑이었습니다. 어른이 되어서는 함께 지내는 동료들을 가족이라고 생각했습니다. 하지만 지금은 혼자입니다. 돌아갈 집 따위는 필요 없습니다. 물론 찰스는 매번 돌아오라고 이야기하지만요.

나는 제대로 교육을 받지 못했습니다. 자식을 죽이려고 했던 인간들이 정상적인 교육을 제공했을 리 없지요. 솔직히 어렸을 때의 나는 내 피부색을 너무 너무 부끄러워했습니다. 내 부모가 그랬던 것만큼이나 스스로도 나를 증오했습니다. 그런 마당이니 학교 같은 건 감히 상상도 하지 못했지요. 내게는 찰스가 선생님이었습니다. 내가 가진 모든 지식은 그에게 배운 것이라 해도 과언이 아닙니다. 다만 매그니토를 만난 뒤로 나의 세상도 변했습니다.

찰스는…… 너무 순진하고 착합니다. 본인이 선의를 행하면 세상도 그 만큼 선의로 대답해 줄 거라고 믿거든요. 하지만 그렇지 않다는 것을 이제는 압니다. 세상은 악의와 편견으로 가득 차 있어요. 그것을 극복하려면 때로 폭력적인 방법이 필요할 수도 있습니다.

조율자가 되고 싶어요

찰스가 없었다면 나의 어린 시절은 더 외롭고 황폐했을 겁니다. 어쩌면 어른이 되기 전에 죽었을지도 몰라요. 우리 존재를 아는 인간들에게 잡혀가 어두운 지하실에 갇힌 채 실험체로 생을 마감했을지도 모릅니다. 그래서일까요? 어린 시절 찰스의 생각은 곧 나의 생각이기도 했습니다. 찰스는 진심을 다해 반복적으로 인간들에게 다가간다면 그들도 결국 우리를 받아들일 수 있다고 믿었고, 나 또한 그렇게 하는 게 당연하다고 생각했습니다.

어린 시절 내가 찰스를 보면서 떠올린 호모 사피엔스는 마하트마 간디(Mohandas Karamchand Gandhi, 1869~1948)입니다. 간디는 "세상에는 두 종류의 힘이 있다: 하나는 처벌에 대한 두려움으로 얻는 힘이고, 다른 하나는 사랑을 통해 얻는 힘이다. 사랑에 기반을 둔 권력은 처벌에 대한 두려움을 통한 권력보다 더 효과적이고 영구적이다"라고 말했는데 놀랍게도 찰스가 주장하는 것과 딱 비슷했기 때문입니다. 그래서 나와 찰스. 그리고 함께 만난 동료들은 인간에 대한 믿음을 가지고 선의로 대하면 그들도 우리를 받아들일 것이라 믿었습니다. 내가 아무리 파란색 피부를 가진 끔찍한 돌연변이라 해도 말입니다.

그런데 현실은 그렇지 않았습니다. 매그니토가 옳았던 거예요. 세상은 자신들만의 편협한 눈으로 우리를 대했습니다. 인간으로 대하기는커녕 악의에 찬 시선으로 조롱하고 학대하고 또 일부는 각자의 이기심과 탐욕 채우기 위해 우리를 이용했습니다. 더 많은 사람들은 그저 막연히 우리가 자신들과 다르다는 이유만으로 두려워하며 박멸하려고 했고요. 현실은 시궁창 같았습니다. 암묵적이었던 사회적 차별을 공식적으로 인정하는 법안이 제출되는가 하면 우리 편인 척했던 사람들은 우리를 자신들을 위해 일하는 사적인 힘으로 이용하려 했습니다.

나는 마침내 무장 투쟁이 필요하다고 결론을 내리게 되었습니다. 악의에는 악의로, 힘에는 더 큰 힘으로 맞서서 우리 힘을 그들에게 각인시키고자 했습니다. 더는 차별받거나 숨거나 박해당하고 싶지 않

았습니다. 지금의 폭력이 미래의 평화를 앞당길 수 있다고 생각했어요. 용서는 강자만 할 수 있으니까요. 그런데 갑자기 찰스와 간디의 말이 떠올랐습니다.

"나는 폭력을 반대한다. 왜냐하면 폭력이 선을 행한 듯 보일 때, 그 선은 일시적일 뿐이고, 그것이 행하는 악은 영원하기 때문이다."

"눈에는 눈 식의 보복을 고집한다면 모든 세상의 눈이 멀게 된다."

나와 매그니토의 폭력적인 대응 방식은 인간의 또 다른 폭력을 불러올 게 분명하다는 생각이 들었습니다. 내가 아닌 다른 돌연변이도 그 복수의 대상이 될 수 있을 겁니다. 또 영원한 전쟁이 시작되겠지요. 그럼에도 불구하고 나는 찰스의 순진한 생각에는 여전히 동의할 수 없습니다. 내가 걸어온 길은 온통 피투성이였으니까요. 지금은 매그니토의 길도 찰스의 길도 나와 다르다고 생각합니다.

나는 '조율자'이고 싶습니다. 이것이 내 신념입니다. 완전히 폭력적이지도, 완전히 비폭력적이지도 않게 적당한 선에 머물면서 인간들에게 우리의 강한 힘과 평화의 의지를 동시에 알려야 한다고 생각해요. 고통 받는 돌연변이들을 구조하는 동시에 우리 동족을 괴롭힌 사람은 응징하고, 한편으로 평범한 대다수 사람들에게는 우리가 그들과 다르지 않은 종족임을, 우리는 함께 살아갈 수 있음을 행동으로 보여주는 것입니다. 물론 어려운 선택입니다. 양쪽 모두 적으로 돌릴 수 있는 길이죠. 하지만 꼭 이루고 싶습니다. 내가 이 회사에 지원한 이유도 바로 이것입니다. 돌연변이와 인간이 화합하려면 지금까지처럼 어느 한쪽을 고집해서는 안 된다고 생각하니까요. 이제 우리에게는 찰스만의 방식도 매그니토만의 방식도 아닌, 유연하게 접근하고 대처하는 레이븐의 방식이 필요합니다.

용서하지만 잊지 않는다

"용서하되 잊지 않는다."

넬슨 만델라(Nelson Mandela, 1918~2013)의 이 말을 저는 삶의 좌우명으로 삼고 있습니다. 인간과 돌연변이 간에 서로에 대한 불신을 줄이면서 진정한 의미의 화합을 이루려면 만델라를 본받아야 한다고 생각합니다. 이따금 나는 만델라가 나와 같은 선택을 했던 인물이 아닐까 생각하곤 합니다.

만델라도 처음에는 비폭력 무저항주의를 통해 흑인의 인권을 보장하고자 노력했습니다. 하지만 그 역시 녹녹치 않은 현실에 좌절하게 되었습니다. 시대를 역행한 **아파르트헤이트(Apartheid)**라는 인종 간 신분 제도의 벽에 부딪혀야 했지요. 이에 만델라는 생각을 바꿉니다. 매그니토를 만난 나처럼 무장 투쟁의 필요성을 깨닫게 되어 '민족의 창'이라는 무장 단체를 창설하고 투쟁에 나서게 된 거죠. 많은 테러리스트들이 그렇듯 그는 정부의 표적이 되었고, 결국 붙잡혀서 27년이라는 기나긴 투옥 생활을 했습니다. 그 기간 중에도 그는 목표를 포기하지 않았고 국내외 여론에 힘입어 마침내 석방되는데요. 그 후에는 모두가 알듯 아파르트헤이트를 철폐하는 데 성공하고 본인은 남아

● 과거 남아프리카 공화국의 백인 정권에 의하여 1948년에 법률로 공식화된 인종분리 즉, 남아프리카 공화국 백인 정권의 유색 인종에 대한 차별 정책을 말합니다. 1990년부터 1993년까지 벌인 남아공 백인 정부와 흑인 대표인 아프리카 민족회의와 넬슨 만델라 간의 협상 끝에 급속히 해체되기 시작했고, 민주적 선거에 의해 남아프리카 공화국 대통령으로 당선된 넬슨 만델라가 1994년 4월 27일에 완전 폐지를 선언하였습니다. 아파르트헤이트는 모든 사람을 인종 등급으로 나누어 백인, 흑인, 컬드, 인도인 등으로 분류하였으며, 인종별로 거주지 분리, 통혼 금지, 출입 구역 분리 등을 제정하는 등 '차별이 아니라 분리에 의한 발전'이라는 미명하에 사상 유례가 없는 노골적인 백인 지상주의 국가를 지향했던 정책입니다.

프리카공화국 최초의 흑인 대통령이 됩니다.

그 뒤의 행보는 놀랍습니다. 당시 남아공의 지배 계층이었던 백인들은 당연히 피의 보복을 두려워하고 있었고 몇몇은 해외로 이민을 준비하기도 했어요. 그들이 떠난다면 흑인들만의 나라는 세워지겠지만 경제적으로는 어려워질 수 있는 상황이었습니다. 이때 만델라는 의외의 선택을 합니다. 과거의 행적은 명명백백하게 밝히면서도 그 모든 죄를 지은 지배 계층에게 죄를 묻지 않은 거예요. '용서하되 잊지는 않는다'는 기치 아래 백인들에게 죄를 묻기보다 더 나은 사회를 만들기 위해 동참할 것을 촉구한 것입니다. 정말 매력적이지 않아요? 나는 더 이상 인간을 증오하지 않습니다. 하지만 그들이 우리에게 저지른 악행도 잊지 않아요. 돌연변이와 인간이 화합해야 한다고 생각할 따름입니다. 만델라처럼요.

파란색 피부와 노란색 눈을 가진 변신 능력자

모든 것을 위장하라

내 능력은 다른 사람을 속이는 것입니다. 하지만 자기만의 탐욕을 채우려고 사탕발림이나 하는 못난이 사기꾼과는 다르죠. 나는 살아남기 위해, 때로 내 신념을 지키기 위해 초능력을 사용하는 것뿐입니다. 내 능력을 조금 더 자세하게 설명한다면 '다른 사람처럼 위장하기'입니다. 단순히 외모뿐 아니라 목소리를 비롯한 모든 것을 위장하는 것인데요. 습관이나 말투 등 사소한 행동까지 따라 하려면 엄청 노력해야 합니다. 일단 목표로 정한 사람으로 변신하여 중요한 시설에 잠입해 정보를 얻기도 하고 적에게 잘못된 내용을 전달하여 작전이 실패하도록 유인하기도 합니다. 가끔 암살 같은 폭력적인 행동도 하지만 가급적 불필요한 갈등을 줄이기 위해서 노력합니다. 상황과 목적에 따라 돌연변이와 인간 양측을 혼란스럽게 만들기도 하고 서로 간의 오해를 풀어주기도 하죠.

얼핏 듣기만 해도 매력적이죠? 내가 참여한다면 회사에서는 많은 프로젝트를 더 정확하고 효과적으로 진행할 수 있을 겁니다. 그래서 지구상의 많은 국가들이 나와 같은 위장 능력을 가지기 위해 애를 쓰나 봅니다. 19세기 말까지만 해도 군인들은 위장을 거의 하지 않았습니다. 지금 생각하면 어이없는 일이지만 오히려 화려한 색상의 군복을 입고 있었지요. 예를 들어 영국은 빨간색, 독일군은 파란색 바탕에 빨강 줄무늬, 미국 해병대는 연푸른 색 등으로 적이 쉽게 발견할 수 있는 옷을 입었습니다. 그러다가 전쟁 기술이 발달하기 시작한 제1차 세계 대전을 기점으로 많은 변화를 이루게 됩니다. 대다수 군복들이 카키색, 브라운색, 녹색 등으로 변한 거예요. 그러다가 최근에는 미국의 경우 녹색에서 갈색으로 변경되었는데요. 그들의 주요 근무지가 중동 지방이 되었기 때문입니다. 사막 지방에서는 오히려 녹색이 눈에 잘 띄니까요.

군복의 무늬도 동그란 무늬에서 **프랙털(fractal)** 패턴을 이용한 무늬로 바뀌었습니다. 프랙털은 작은 구조가 전체 구조와 비슷한 형태로 끊임없이 반복되는 것을 의미합니다. 프랑스계 미국의 수학자 망델브로(Benoit Mandelbrot, 1924~2010)가 제시한 것으로 컴퓨터 그래픽 분야에 널리 응용되고 있는데, 자연계에서는 구름 모양이나 해안선 등에서 볼 수 있습니다. 프랙털 패턴을 사용하면 멀리서 망원경을 보는 경우나 가까이에서 맨눈으로 보는 경우나 양쪽 다 잘 발견되지 않는 장

UNIFORMS.

1690-1790.

PLATE I.

1792-1815.

1815-1865.

🔺 18~19세기 세계의 군복들.

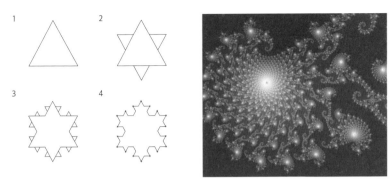

⬆ 시간이 흐름에 따라 바뀌어 간 군복의 무늬들.

⬆ 프랙털 구조.

● 망델브로는 1967년 「영국 해안선의 총 길이는 얼마인가?」라는 논문을 통해 눈금이 큰 자로 측정하면 그 길이는 유한하지만 눈금이 작은 자로 측정하면 그 길이가 무한히 커지게 된다고 생각했습니다. 후에 자신의 연구 결과를 정리하여 프랙털 이론을 창시했는데요. 프랙털은 일부 작은 조각이 전체와 비슷한 기하학적 형태를 말합니다. 이런 특징을 자기 유사성이라고 해요. 다시 말해 자기 유사성을 갖는 기하학적 구조를 프랙털 구조라고 합니다.

점이 있다고 합니다. 이것을 호모 사피엔스의 용어로 '디지털 위장'이라 부릅니다.

위장법은 얼마 가지 않아 무기에도 적용됩니다. 탱크와 대포 진지들을 주변 환경과 비슷하게 꾸미는 일이 여기 해당되지요. 더 나아가 군함에도 특정 패턴을 적용하여 적의 눈에 띄기 어렵게 만들었습니다. 밝고 어두운 줄무늬를 특정 각도로 서로 엇갈리게 그려 넣으면

잠망경을 통해서는 보기가 어렵거든요. 하지만 이런 기법은 레이더가 등장하면서 효력을 잃었습니다. 레이더는 전파를 발송하여 물체에 부딪혀서 돌아오는 시간을 측정하여 위치와 거리를 재는 기계입니다. 즉, 사람이 직접 탐지하는 방법을 쓰는 게 아니기에 특정 패턴 적용으로 위장해도 소용이 없었던 것입니다. 그래서 연구 끝에 등장한 것이 레이더도 잘 확인할 수 없도록 위장한 '스텔스 기능'입니다.

스텔스 기능

레이더는 반사된 전파를 탐지하는 기술입니다. 스텔스는 반사된 전파가 레이더의 위치로 가지 않도록 하거나, 반사되는 양을 줄여서 레이더가 탐지할 수 있는 전파를 줄이는 기술이에요. 이것은 크게 두 가지 방식으로 이뤄집니다.

첫째. 도달한 전파를 목표 물체가 흡수하게 하여 반사가 일어나지 않도록 만드는 방법입니다. 특정 염료를 이용하여 도색하는 방법으로 전파를 흡수합니다. 일반적으로 전파를 흡수하려면 전파의 에너지를 전환할 수 있어야 합니다. 다만, 이렇게 사용할 수 있는 대개의 물질은 무겁고 두꺼운 편이라서 비행기에 적용하기가 어렵습니다. 이 문제를 해결하는 데 사용하는 스텔스 염료는 파장이 가지고 있는 상쇄 간섭 효과를 이용해 전파의 반사를 줄입니다. '상쇄 간섭 효과'는 180도 다른 모습을 가진 같은 진폭과 진동수를 가지는 두 파동이 만나

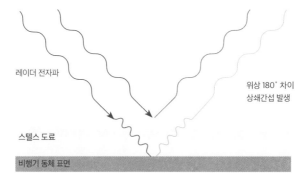

레이더 전자파

위상 180˚ 차이
상쇄간섭 발생

스텔스 도료

비행기 동체 표면

☝ 스텔스 비행기에 도달한 레이더 전자파의 일부는 도료 표면에서 그대로 반사가 발생하고(주황색), 일부는 도료를 통과하며 동체 표면에서 반사하는데 이때 전파를 180도로 변화시킨다(노란색). 서로 반대 모양을 가진 반사파 두 개가 상쇄 간섭을 일으켜서 소멸되어 반사파를 인지하지 못하도록 하는 방법으로 비행기의 존재를 감춘다.

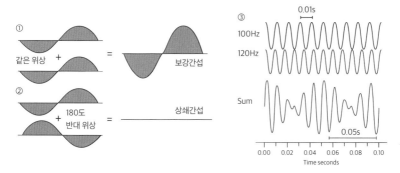

☝ ①서로 같은 모양을 가지는 두 파동이 만나면, 진폭이 커지는데 이를 보강 간섭 효과라고 한다.
②서로 반대 모양을 가지는 두 파동이 만나면, 그 차이만큼 진폭이 줄어들거나 소멸되는데 이를 상쇄 간섭 효과라고 한다.
③검은색의 파동과 빨간색의 파동이 서로 합쳐져 파란색 파동이 되는데, 진폭의 크기와 모양에 따라 보강 효과가 나면 파란색 진폭은 더 커지고, 상쇄 효과가 나면 진폭은 감소한다.

진폭이 0이 되어 소멸되는 효과입니다. 반대로 같은 위상을 가진 두 파동이 만나면 진폭이 더 커지는데 이를 '보강 간섭 효과'라고 합니다.

스텔스 비행기에 도착한 레이더의 전파는 스텔스 염료에서 1차적으로 반사가 발생하고 일부는 그대로 진행하여 비행기의 동체에서

2차적으로 반사가 일어납니다. 이때 염료가 2차적으로 반사되는 전파를 180도로 변화하게 하여, 1차적으로 반사된 전파와 상쇄 간섭 현상을 일으킵니다. 결국 전체적으로 반사되는 전파가 줄어들어 레이더가 감지할 수 없게 됩니다.

둘째. 전파가 들어오는 방향에 대해 경사각이 존재하게 되면 반사가 정확하게 일어나지 않고 다른 방향으로 흩어지는 **난반사**가 발생합니다. 이렇게 하면 레이더가 있는 방향으로 반사되는 전파가 감소하는데

요. 이러한 방식을 통해서 실제 크기보다 작게 레이더에 발견되도록 하는 것이 스텔스 기능이라고 할 수 있습니다. 하늘을 나는 커다란 비행기가 아니라 갈매기처럼 작게 보일 수도 있는 것입니다.

위장의 대가 동물로부터 배우다

위장 방법들의 아이디어는 동물에게서 얻는 경우가 많습니다. 실제로 동물들은 오랜 시간 동안 완벽하게 몸을 숨길 수도 있고 다른 동물이나 물체인 척하는 방법을 연마해 자유롭게 구사하고 있는데요. 예를 들어 대벌레의 경우 마치 자신이 주변의 나뭇가지인 것처럼 형태와 색을 만들어서 위장합니다. 호주의 사막에 사는 가시도마뱀은 주변의

⬆ 나뭇가지로 위장하는 대벌레.　　⬆ 호주 사막의 가시도마뱀.

모래나 암석과 비슷한 몸 색깔을 가지는 건 물론이요 가장자리에 있는 울퉁불퉁한 가시 같은 것을 통해 그림자조차 위장한다고 합니다.

　하지만 뭐니 뭐니 해도 위장의 달인은 카멜레온일 겁니다. 카멜레온은 색소포(iridophore)라고 불리는 변온 동물이 가지고 있는 색소 세포를 가지고 있습니다. 이 층에는 투명한 성질을 가진 구아닌 결정이 존재하는데, 구아닌 결정 사이의 간격이 변함에 따라 피부에서 반사되는 빛의 파장도 변하게 되어 색과 무늬를 변경할 수 있습니다. 이 구아닌(guanine)은 DNA의 네 가지 염기 중 하나로 잘 알려져 있지만, 생체 내에서 다른 역할도 합니다. 구아닌이 결정(crystal)으로 처음 발견된 것은 1600년대 어떤 물고기의 비늘에서였습니다(결정이란 특정 입자가 규칙적으로 배열되어 있는 상태, 물질을 의미합니다). 반짝거리는 특징으로 인해 화장품 등에 사용되었지요.

　구아닌 결정들은 빛을 반사하고 조절하는 성질을 가지고 있는데요. 카멜레온이 편안하고 안정된 상태에 있을 때는 구아닌 결정이 촘촘하게 배치되고 이때 색소 세포에 부딪힌 빛은 짧은 파장으로 반사되어 파란색이 됩니다. 일부 빛은 카멜레온의 황색 색소포에서 반사되어 노란색이 되지요. 그래서 편안한 상태의 카멜레온을 우리는 파란색과 노란색이 합쳐진 녹색으로 인지하게 됩니다. 반대로 카멜레온이 흥분하거나 위험한 상황에 처했을 때는 구아닌 결정의 간격이 넓어지게 되고, 긴 파장으로 반사되어 붉은색, 노란색, 그리고 둘이 합쳐진 오렌지색을 띠게 됩니다. 더욱 신기한 점은 위장 목적뿐 아니라 주변 온도나 카멜레온의 감정 상태, 공격성 여부 등에 따라서도 색 변경이 가능하다는 점입니다.

빛의 왜곡과 음굴절 현상

사람들도 카멜레온처럼 적극적으로 자신을 위장하고 싶어 했습니다. 일부는 투명 망토를 생각하기도 했지요. 자연스럽게 주변 환경에 녹아 들어가도록 보이는 옷을 생각하기도 했습니다. 이러한 상상력을 뒷받침해 주는 가장 중요한 요소는 **빛의 왜곡**입니다. 실제로 우리가 보는 '어떤 물체'는 '그 물체 자체'가 아니라 물체에서 튕겨 나온 빛을 보는 것입니다. 따라서 이 튕겨 나온 빛을 왜곡시킨다면 이른바 '위장'이 가능합니다. 여기에는 세 가지 방식이 있어요.

첫째. 나에게서 나온 빛과 주변에서 나온 빛이 비슷해서 관찰자가 구별하기 어렵다.

빛의 왜곡을 통해서 우리 눈은 실제 물체와 다른 모습을 보기도 합니다. 이를 이해하려면 먼저 빛에 대해 설명해야 합니다.

일반적으로 가시광선은 400나노미터의 보라색 영역부터 700나노미터의 빨간색 영역까지의 전자기파를 의미합니다. 가시광선이라고 불리는 전자기파는 우리 눈을 통해 유일하게 감지할 수 있는, 일명 '빛'이라고 불리지요. 빛의 성질을 설명하기에 앞서 먼저 파동에 대해서 설명해 볼게요.

파동이란 진동이 만들어 내는 에너지가 매질을 통해서 퍼져 나가는 것으로, 가장 쉬운 예로 물에 조약돌을 던져 넣으면 돌로 인해 생긴 파형이 원형으로 퍼져 나가는 것입니다. 물결의 진동은 파도를 만들어 내고 공기 분자의 진동은 소리를 만들어 내고, 땅의 진동에너지는 지진 등을 일으키게 되는데 이 또한 파동의 예입니다. 대부분의 파동은 매질을 필요로 합니다. 매질과 매질 사이의 연결이 더 강할수록, 즉 매질이 빽빽하게 밀집되어 있을수록 진동은 더 빠르게 전달되지요. 공기보다 물속에서 소리가 더 빠르게 전달되는 것도 이러한 파동의 성질 때문입니다.

전자기파는 파동이기는 하지만, 매질이 필요 없다는 점이 일반적인 파동과 다른 점입니다. 오히려 공간에 물질이 존재하게 되면 전자기파의 이동에 방해가 되어 속도가 느려지게 됩니다. 빛도 전자기파의 일종이기 때문에 매질이 빽빽할수록 속도가 느려지게 됩니다. 그래서 빛이 진행하는 경로 중에 매질이 변하게 되면, 속도의 차이가 발생하게 되고 이 차이로 인해 빛의 경로가 꺾이게 됩니다. 이를 '빛의 굴절' 현상이라고 이야기합니다.

빛이 더 빽빽한 매질로 이동하면 속도가 느려지게 되어 수직한 선의 안쪽 방향으로 꺾이고, 반대로 덜 빽빽한 매질로 이동하면 속도가 빨라지게 되어 수직한 선의 바깥쪽으로 꺾입니다. 그리고 파장이 짧을수록 즉, 진동수가 클수록 매질을 통과할 때 긴 파장보다 더 큰 방해를 받게 되어 속도가 줄어들게 되고, 이로 인해 더 큰 각도로 굴절이 발생하게 됩니다. 이러한 차이 때문에 다양한 진동수의 빛이 펼쳐지듯 보이게 되는 것인데요. 이러한 현상을 '빛의 분산'이라고 합니다. 프리즘을 떠올리면 쉽게 이해가 되실 겁니다.

한편 일부 빛은 매질 경계면을 통과하지 못하고 경계면에서 빛이 들어가는 각도와 같은 각도로 튕겨져 나오는데요. 이러한 현상을 우리는 '빛의 반사'라고 부릅니다. 우리가 사물을 '본다'는 것은 물체에 부딪힌 빛이 반사되어 눈으로 들어온 것을 인지하는 것을 말합니다. 그런데 빛의 특성에 따라 사물의 크기, 위치, 형태들을 정확히 볼 수 없는 경우가 생깁니다. 이를 '빛의 왜곡' 현상이라고 하지요. 물속에 있는 물고기의 위치가 실제보다 물 표면에 가깝게 보이거나 물이 담긴 유리컵 속의 숟가락이 꺾어진 모양으로 보이는 것이 대표적이 예입니다. 신기루 또한 빛의 굴절 현상으로 생기는 왜곡 때문에 발생합니다. 찬 공기의 경우 공기들이 모여 있어 따뜻한 공기보다 밀도가 높습니다. 따라서 빛은 실제로 찬 공기 방향으로 꺾이며 진행하게 됩니다. 하늘에 떠 있는 배의 사진이나 유령 건물 같은 신기루 이야기가 종종 뉴스에 실리는데, 이것들이 바로 빛의 굴절로 인해 원래 있지 말아야 할 위치에 물체가 보이는 왜곡 현상의 예입니다.

⬆ 변신의 귀재 카멜레온.

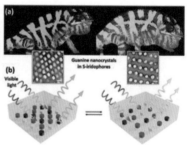

⬆ 색소포의 구아닌 결정의 배치 차이. 좌측은 구아닌 결정이 더 촘촘하게 배열되어 있으며, 우측은 성기게 배열되어 있다. 배열이 촘촘하면 카멜레온을 보통 녹색으로 인지하게 되고, 배열이 성기면 붉은색, 노란색, 오렌지색으로 인지하게 된다.

둘째. 관찰자가 나한테서 나간 빛보다 주변에서 나간 빛을 더 많이 보게 한다.

셋째. 내게는 인위적인 빛 반사가 없도록 한다.

이에 따라 그럴듯한 위장 방법을 개발한 적도 있습니다. 아직 상용화하기엔 어려움이 있지만, 이야기를 한번 들어보죠.

미국 로렌스 버클리 국립연구소에서는 완벽하게 빛을 반사하는 메타 물질로 얇은 천을 만들어 물체를 덮는 실험을 했습니다. '메타 물질'이란 자연계에 나타날 수 없는 성질을 만들기 위해서 빛의 파장보다 작은 크기로 만든 금속이나 유전 물질로 이루어진 원자를 주기적으로 배열하여 만든 인공적인 물질입니다.

조금 더 풀어서 설명해볼게요. 자연계에 존재하는 물질은 자연적으로 존재하는 원자가 특정 구조를 이루어서 만들어집니다. 즉, 사용된 원자와 구조에 따라 다른 특성을 가진 물질이 만들어집니다. 대표적인 예가 석탄과 다이아몬드입니다. 두 가지 물질 모두 탄소라고 하는 원소로 이루어져 있습니다. 다만, 구조상 차이점을 가지고 있기에 굳기, 빛의 투과성 등이 다릅니다. 이 상황에서 일부 과학자들이 재미있는 아이디어를 떠올렸습니다. '원래 존재하지 않는 작은 어떤 것을 인위적으로 만들어서 마치 원자처럼 반복적으로 배열하면, 자연적으로는 발생할 수 없는 재미있는 특성이 나타나지 않을까' 하는 것이었죠. 그중 하나가 '음굴절(refractive index)'입니다.

젓가락을 물컵 안에 넣고 물을 부으면 빛의 굴절 현상으로 인해

⬆ 음굴절 현상.

두 번째 그림과 같이 보이게 됩니다. 자연적으로는 절대로 세 번째 그림처럼 방향이 아예 반대인 굴절 현상은 발생할 수 없습니다. 이 세 번째 그림과 같이 굴절하는 것을 '음굴절'이라고 합니다. 그런데 실제로 1999년 영국의 존 펜드리 교수는 원하는 방향으로 빛을 굴절시킬 수 있는 메타 물질이 있다는 것을 실험적으로 증명했습니다. 특정 물체 위의 빛을 메타 물질로 덮으면 빛이 그 물체에 부딪혔다가 반사되는 것이 아니라 우회하여 이동하게 만들 수 있다는 이론적 근거가 생긴 것입니다. 즉, 빛이 물체에 가지 않기 때문에 반사되는 빛이 없어서 우리의 눈은 해당 물체를 볼 수 없게 된다는 뜻이지요.

위에서 발견한 이론적 배경 아래 버클리 국립연구소의 연구진은 헝겊 위를 금으로 만든 나노 안테나로 덮었습니다. 천의 두께는 50나노미터, 금의 두께는 30나노미터였습니다. 머리카락이 10만 나노미터라고 하니, 정말이지 엄청 얇은 천이었겠지요. 위에 언급했듯이 우리가 물체를 볼 수 있는 이유는 물체에 부딪힌 빛이 산란되고 굴절되기 때문인데요. 이 천은 빛의 성질을 제어하여 산란이나 굴절을 시키지 않는 등 빛의 다른 성질을 전혀 건드리지 않고 완벽하게 방향만 바꿀 수 있다고 합니다. 그래서 이 천으로 물체를 덮으면 보이지 않게 하거나 다른 물체처럼 보일 수 있는 거죠. 다만 사용된 천은 나노 단위의 크기이기 때문에 실제 사람을 가리거나 건물을 숨기거나 할 수는 없습니다.

SCENE 03
위장 능력을 업그레이드하라

박쥐의 엿듣기와 반향정위

나는 앞에서 말한 능력을 넘어 아예 다른 존재로 변할 수 있습니다. 시각적으로 위장할 뿐만 아니라 다른 사람들을 목적에 따라 속일 수 있는 능력도 겸비했죠. 사실 자연계의 동물들 가운데도 다른 동물의 표현을 엿듣고 속이는 행동을 보이는 종이 있습니다. 대표적인 것이 박쥐입니다.

처음으로 박쥐와 관련된 연구를 수행했던 사람은 18세기 이탈리아의 박물학자 **라차로 스팔란차니**(Lazzaro Spallanzani, 1729~1799)입니다. 이 사람은 실험 동물학의 선구자로 박쥐 외에 다양한 동물을 연구하고 실험했습니다. 그는 제일 먼저 박쥐가 움직이는 방법을 연구했습니다. 잔인하게 들리겠지만 박쥐 얼굴의 각기 다른 부위를 천 등으로 이탈리아의 동물학자로 고기 국물을 충분히 끓인 다음 마개를 막으면 미생물이 생겨나지 않는다는 사실을 입증한 실험으로 유명합니다. 또 하등 동물의 신체 일부가 재생하는 것에 관한 연구, 온혈·냉혈 동물의 호흡에 의한 가스 교환에 관한 업적을 남겼어요. 양서류의 인공수정 및 여러 동물에 대하여 재생(再生) 실험을 행하고, 혈액순환을 연구하며, 소화문제에도 손을 대었으며, 호흡에 관해서도 귀중한 관찰과 실험 결과들을 남겼습니다. 가장 높이 평가받는 점은 그가 당시의 생물학 연구에 논리적·계통적 방법을 적용했다는 점입니다.

가린 후에 그들이 물체를 피하면서 움직일 수 있는지 실험한 것입니다. 그 결과 입이나 귀를 직접 가리는 경우에는 물체를 피하는 데 어려움을 겪었지만 다른 부위는 가려도 그다지 어렵지 않게 장애물을 피한다는 것을 알게 되었지요. 마침내 그는 박쥐의 귀가 몸을 움직이는 데 아주 중요한 역할을 한다고 결론지었습니다. 다만 실제로 그가 들을 수 있는 소리가 없었기에 움직일 때 날개나 몸통에서 나오는 작은 소리가 반사되어 귀를 자극하는 것이 아닐까 추측했는데요. 일부 오류는 있었지만 현재 알려진 사실과 비슷한 결론을 얻은 것입니다. 하지만 당시에는 그렇게 많은 지지를 얻지 못했습니다.

그 후 1930년대 도널드 그리핀(Donald Griffin, 1915~2003)이라는 동물행동학자가 다시 한 번 박쥐에 관심을 가지게 됩니다. 당시 도널드는 하버드 학부생으로서 박쥐의 이동 방법에 대해 연구하고 있었는데요. 마침 하버드 물리학과에는 음파 탐지기가 있었고, 그는 그 기계를 박쥐 연구에 사용합니다. 그 결과 음파 탐지기가 탐지할 수 있는 방향으로 박쥐가 이동할 때, 탐지기가 소리를 감지한다는 사실을 발견했습니다. 신기하게도 그의 귀에는 아무 소리도 들리지 않았지만 말입니다. 이를 통해 그는 박쥐는 사람이 들을 수 없는 고주파의 소리를 낸다고 확신하게 되었습니다. 하지만 박쥐가 다른 방향으로 가거나 움직이지 않을 때는 음파 탐지기에서 아무 소리도 확인할 수 없었습니다. 즉, 여러 방향이 아니라 이동하려는 방향으로만 고주파의 소리를 낸다는 것을 알게 된 거죠.

이어서 그는 수직 철망 사이로 박쥐를 날아가게 하는 실험을 진행했고, 박쥐가 고주파를 이용하여 장애물을 피한다는 사실을 확인했습니다. 작은 너비의 수직 철망 사이를 수많은 박쥐들이 지나가려면 철망 사이의 너비와 철망까지의 거리뿐 아니라 갑자기 나타나는 주변을 지나가는 다른 박쥐에 대한 존재와 거리까지 수많은 정보가 실시간으로 전달되어 처리해야 합니다. 고도의 세밀한 능력이 필요한 작업이죠. 하지만 작은 반향까지도 놓치지 않고 증폭시키는 귀와 청각에 대한 빠른 처리 속도를 자랑하는 뇌를 가진 박쥐들에겐 그다지 어려운 일이 아닐 것입니다.

박쥐들이 이동하려는 방향으로만 고주파의 소리를 내는 능력을 **반향정위**(echolocation)라고 부릅니다. 한마디로 반향정위는 스스로 소리를 내고, 주변 물체에 부딪혀서 되돌아오는 소리(메아리)를 감지하여 사물의 위치를 파악하는 능력입니다. 표현이 조금 어렵지요? 이 능력을 이용한 대표적인 기술이 바로 '초음파 검사'입니다. 탐지기 박쥐 외에 반향정위를 가지고 있는 대표적인 동물은 돌고래입니다. 깊은 바다 속은 빛이 잘 들어오지 않기 때문에 시각에 의존한다면 가시거리가 짧아 먹이를 찾거나 포식자를 피하는 데 어려움을 겪을 수 있습니다. 더군다나 시각이 중요한 육지에 한 번 적응했다가 다시 바다로 돌아간 것으로 알려진 돌고래의 경우에는 반향정위 능력이 없었다면 더 어려웠을지도 모릅니다. 머리 위에서 발생한 초음파가 물체에 부딪혀 돌아오는 음파를 아래턱에 위치한 탐지부에서 감지하여 먹이나 장애물 등을 확인하게 되는데요. 물에서 속도가 느려지는 빛과 달리 음파의 경우 물에서 속도가 더 빠르므로 효용 가치가 높습니다.

사람들 또한 산업이나 군사적 목적으로 반향정위를 이용합니다. 예를 들어 잠수함이 물속을 지나가고 있을 때 이것을 찾아내는 방법은 제한되어 있는데요. 이때 '소나'라는 기술을 이용하여 잠수함을 찾을 수 있답니다. 원리는 돌고래의 경우와 같습니다. 어부들이 물고기 떼를 탐지할 때도 소나기술을 이용하죠.

심지어 로뱃(robat)이라는 이름의 박쥐 로봇이 만들어졌는데 박쥐만큼 빠르게 이동할 수 없고 날지도 못하지만, 인공적으로 반향정위 기술이 적용되어 주변의 장애물을 피하면서 이동하고 환경을 탐색할 수 있습니다.

(probe)라고 불리는 기계에서 초음파를 발생시킨 다음 이것이 생체 조직을 통과하면서 매질(매개물)의 차이가 있을 때 일부 소리가 반사되는 것, 그리고 이 메아리를 인지하여 영상화하는 기술입니다. 방사선이 노출되지 않고 생체 내의 구조물 형태를 파악할 수 있도록 하는 것이죠. 그런데 사실 일반 사람들에게도 어느 정도 반향정위 능력이 있다고 합니다. 예를 들어 텅 빈 방 안에서 눈을 감고 크게 소리를 치

면, 벽을 마주볼 때와 등지고 있을 때 다른 느낌이 드는데요. 여러분도 한번 실험해 보세요. 물론 단순히 무엇인가가 앞에 있다는 것을 느끼는 수준일 뿐 박쥐처럼 정확한 정보를 얻을 수는 없겠지만 말입니다.

그런데 모든 박쥐가 뛰어난 반향정위 능력을 가지고 있는 건 아닙니다. 먹이의 종류에 따라 일부 박쥐가 다른 박쥐보다 더 뛰어난 능력을 가지고 있는 것으로 보였지요. 즉, 어떤 먹이를 주로 먹느냐에 따라 박쥐를 크게 세 부류로 나눈 것입니다. 일부 박쥐들은 작은 곤충을 주식으로 삼았고, 일부 박쥐들은 과일을 먹었고, 중남미 일부 국가의 박쥐는 동물의 피를 먹었습니다(흡혈박쥐).

먹잇감 위주로 살펴보죠. 이 중에서 박쥐가 접근하기 가장 어려운 먹이는 곤충입니다. 과일은 움직이지 않으니 한 번 발견하면 위치가 고정되어서 접근하기가 좋지요. 흡혈 박쥐는 보통 소, 말, 돼지, 대형 조류 등 자기보다 크면서 움직임이 상대적으로 적은 동물을 목표로 삼는데 과일보다는 움직임이 있어도 일반적으로 가만히 있는 시간도 적지 않으므로 접근성이 나쁘지 않습니다. 하지만 곤충은 크기가 매우 작고 움직임이 빨라서 지속적으로 위치를 확인하지 못하면 잡을 수가 없습니다. 따라서 과일이나 피를 주식으로 하는 박쥐보다 곤충을 먹는 박쥐의 반향정위 능력이 더 뛰어난 편입니다. 그러니까 어떤 박쥐는 먹고살기 위해 반향정위 능력을 더 개발한 것입니다.

움직이는 박쥐는 보통 120데시벨의 압력으로 3만~6만헤르츠의 초음파를 내보내고 주변 환경이나 물체에 부딪혀 돌아오는 메아리에서 수많은 정보를 분석하는데, 곤충의 경우 크기가 작아서 반향이 매우 약한 편이었습니다. 이 약한 반향을 모아서 증폭시키기 위해 박쥐는 귓바퀴가 매우 발달했지요. 그리고 곤충은 지속적으로 위치를 변경하기 때문에 박쥐 또한 자신이 발산하는 소리를 조정하고, 귀를 끊임없이 움직여서 곤충의 위치를 특정합니다. 박쥐가 귀를 움직이는 속도가 얼마나 빠른지 고속 카메라로 촬영하지 않는다면 제대로 그 움직임을 파악하지 못할 정도입니다.

박쥐의 뇌는, 이렇게 증폭된 소리 신호가 최대한 짧은 시간 내에 분석되어 결론을 도출할 수 있도록 발달했습니다. 심지어 소리 신호 분석에 한해서라면 박쥐의 능력이 컴퓨터의 연산 속도보다 빠르다고 합니다. 목표로 콕 찍은 곤충의 이동 방향과 속도, 정확한 위치, 그리고 사냥을 하게 되는 몇 초 후의 위치까지 말이지요. 반향을 감지한 박쥐는 0.1초 내에 이 모든 질문에 대한 답을 내린다고 합니다. 정말이지 너무나 놀랍습니다. 심지어 박쥐는 목표물까지의 거리는 1000분의 1밀리밀터까지, 시간에 대해서는 100만 분의 1초까지 계산할 수 있다고 하니, 그냥 입이 딱 벌어집니다.

다만 반향정위를 이용하기 위해 자신의 소리를 낸다는 것은 다시 말하면 위치나 경로와 같은 자기 자신에 대한 정보를 많이 발산한다는 이야기도 됩니다. 그래서 일부 박쥐들은 다른 박쥐들의 초음파를 듣고 그 박쥐의 정체와 먹이 장소와 같은 유용한 정보를 얻기도 합니다. 인간으로 치면 엿듣기를 하는 거죠. 예를 들어 박쥐들이 많이 모여 있는 장소를 피해서 상대적으로 덜 붐비는 곳으로 이동하여 먹이를 찾을 수 있습니다. 줄을 서서 밥 먹기 싫은 사람이 한적한 식당을 찾는 것처럼 말이에요. 박쥐들의 이 같은 엿듣기 능력은 생각할수록 대단한 것 같습니다. 주파수가 조금씩 다를 뿐인데 박쥐들은 그 미세한 차이 안에서 자신의 고유한 주파수가 방해받지 않도록 서로 조심하며 발산하고 수신하는 동시에 다른 박쥐의 초음파를 구별하고 분석해야 하니 말입니다. 이러한 경이로움 때문에 어떤 학자들은 '혹시 박쥐의 좌뇌와 우뇌가 각각 다른 신호를 처리하는 것은 아닐까?' 하는 가설을 세우기도 했습니다. 예를 들어 우뇌는 자신의 신호를 분석하고 좌뇌는 다른 박쥐의 신호를 분석하는 것처럼 분업을 하는 거죠.

실제 뇌 과학의 발달에 따라서 새롭게 알게 된 사실 중 하나가, 특정 뇌 지역에서 발생한 전기 신호가 짧은 시간 안에 다른 뇌 영역으로 전달되는 것입니다. 이러한 전기 신호의 전달을 통해 우리는 뇌의 특정 영역이 특정 역할을 온전히 담당한다기보다는 뇌 전체가 업무를 분담하여 일을 하고 있는 것일지도 모른다고 추측할 수 있습니다. 다만 이 부분은 추후 연구 결과를 지켜봐야겠지요.

동물도 다른 동물을 속인다

엿듣기를 넘어서 다른 동물을 '속이는 행동'도 동물의 세계에서 흔히 관찰할 수 있습니다. 대표적인 것이 닭입니다. 예를 들어 봅시다. 닭들이 여기저기 흩어져 돌아다니면서 평화롭게 모이를 쪼아 먹고 있는

▲ 검은머리카푸친.　　　　　　　▲ 부전나비.

중입니다. 그때 갑자기 수탉 한 마리가 꼬끼오 울면서 바닥을 쪼아댑니다. 그러면 이 모습을 본 암탉들은 수탉 주변에 뭔가 더 맛있는 먹이가 있다고 생각하고 그곳으로 달려갑니다. 수탉이 관심 받고 싶어서 연기한 것인 줄도 모르고 말입니다.

검은머리카푸친이라는 원숭이 연구에서도 속임 행동을 확인할 수 있었습니다. 이들은 먹이 상자에서 먹이를 발견하게 되면 81퍼센트 확률로 먹이 관련 울음소리를 내었지만 빈 상자일 경우엔 소리를 내지 않았습니다. 재미있는 것은 전체적인 먹이가 부족하게 된 상황이 오면 먹이를 발견한 원숭이가 울음소리를 낼 확률이 떨어진다는 사실이었습니다. 다른 원숭이와 가까이 있거나 주변에 어슬렁거리는 원숭이 숫자가 많을수록 시간을 더 끌며 울음소리를 내는 모습도 관찰되었지요. 즉, 더 많은 음식을 차지하기 위해 다른 이들을 속이는 동작을 보였던 것입니다.

일부 동물들은 더 편하게 살기 위해 보다 본격적으로 다른 동물을 속이기도 합니다. 중점박이푸른부전나비는 애벌레 시절에 불개미 무리 속으로 잠입을 시도하는데요. 이때 개미와 비슷한 냄새와 여왕개미를 흉내 내는 소리를 내서 다른 개미들을 속입니다. 일단 잠입에 성공하면 완벽하게 여왕개미 대접을 받으면서 편하게 지내는데요, 심지어 원래 여왕개미가 침입자로 오해를 받아 쫓겨나거나 죽는 경우도 있다고 합니다. 요즘 말로 '찐' 연기를 하는 거죠.

일부 물고기 종 안에는 규칙을 어기는 개체가 존재한다고 합니다. 물고기의 경우 암컷이 낳은 알 무더기 위에 수컷의 정자를 뿌리는 방법으로 수정하기 때문에 수컷 물고기들은 자신의 정자를 뿌리기 위해서 치열하게 경쟁합니다. 당연히 제일 강한 수컷의 정자만이 남아 수정이 되겠지, 라고 생각했는데 이게 웬일입니까? 뜻밖에 다른 개체보다 약한 물고기들도 수정에 성공할 수 있다는 결과가 나온 것입니다. 다른 수컷들이 서로 싸우는 동안 이 **약하지만 교활한 수컷**들이 몰래 알 무더기에 접근하여 자신의 정자를 뿌리고 도망갔던 것입니다. 더 재미난 일은 싸움에 이겨 승자가 된 수컷이 자신의 자식도 아님에도 불구하고 새끼들을 돌보는 데 헌신한다는 점입니다. 암컷 역시 그 사실을 알고 있지만 일부러 그런 헌신적인 행동을 부추긴다고 합니다. 리처드 도킨스(Clinton Richard Dawkins, 1941~) 식으로 이야기한다면, 여러 수컷의 정자로 수정하는 것이 유전자 다양성에 더 도움이 되기 때문일 것입니다.

이런 저런 생명체들의 능력을 이야기하다 보니, 점점 더 내 능력

일반적으로 힘이 세고 덩치가 큰 수컷이 다른 수컷을 물리칠 가능성이 높습니다. 암컷을 만나 번식에 성공할 가능성도 높고요. 예를 들어 늑대 무리의 경우 알파 수컷이라고 부르는 대장 수컷만이 짝짓기를 할 수 있고, 무리 속의 암컷들은 차지합니다. 사자의 경우도 마찬가지예요.

다만, 항상 1등 수컷이 번식에 성공하는 것은 아닙니다. 다음과 같은 경우에 오히려 싸움에 진 수컷이 번식에 성공하기도 합니다.

첫째. 암수가 공동으로 육아를 담당하는 경우, 싸움을 잘 한다는 것이 육아를 잘 한다는 것을 의미하지 않을 수 있습니다. 따라서 돌봄 능력이 뛰어난 수컷을 선호하는 동물들이 있습니다. 대표적인 것이 '퍼시픽 블루아이'라는 물고기입니다.

둘째. 수컷끼리의 싸움이 너무 격해서 오히려 승자가 되었음에도 큰 부상을 입을 가능성이 높은 경우입니다. 대표적인 것이 '스코틀랜드 소이양'입니다. 싸움에 가담한 수컷의 60퍼센트가 골절을 입는다고 합니다.

셋째. 보통 호전성 또는 공격성이 높은 수컷이 승리하게 되는데, 승리 직후 빠르게 공격성을 낮추지 못해 호전성을 유지하여 암컷마저도 위협하거나 상처를 입히게 되는 경우, 암컷은 오히려 싸움에 진 수컷을 선호하게 됩니다. '메추라기'나 '쌍별귀뚜라미'에서 이러한 모습이 관찰되었습니다.

넷째. 앞의 본문에서 예로 든 물고기처럼 꾀를 써서 힘이 약한 수컷이 번식에 성공하는 경우도 있습니다. 개구리의 경우 덩치가 크고 힘이 센 수컷을 선호합니다. 암컷 개구리는 수컷이 내는 목소리를 통해 크기를 가늠하고 짝짓기 할 수컷 쪽으로 이동하죠. 늦봄~초여름 논밭을 지나가다 보면 개구리 울음 소리가 많이 들리는데, 바로 이런 목적으로 수컷이 암컷을 부르는 소리입니다. 당연히 크기도 목소리도 작은 개구리에게는 암컷이 찾아가지 않습니다. 대신 이런 작은 개구리들의 일부는 꾀를 냅니다. 아무 목소리를 내지 않은 채 큰 목소리를 가진 개구리 옆에서 조용히 숨어서 기다리는 것입니다. 그러다가 암컷들이 큰 개구리 수컷을 찾아오면, 큰 개구리가 교배하지 않는 암컷과 교배를 시도하죠.

⬆ 퍼시픽블루아이.　　⬆ 스코틀랜드 소이양.　　⬆ 쌍별귀뚜라미.

이 대단하다고 느껴집니다. 난 저 모든 것을 더 잘할 수 있으니까, 그
것도 혼자서 말입니다!

돌연변이여 영원하라

희망 부서

어떤 부서에 들어가든 무엇을 맡기든 나는 잘해 낼 자신이 있습니다. 그러니까 나한테 무슨 일을 부탁할 거라면 일을 할 수 있을까 하는 원초적인 문제로 걱정할 필요가 없다는 뜻입니다. 중요한 것은 그 일이 내 신념과 부합하는 것인지 아닌지 하는 점입니다. 무의미한 희생을 야기하는 일이라면 거절입니다. 누군가의 위에 서겠다는 마음으로 폭력을 없앨 수는 없으니까요.

그렇다고 다른 사람이 나를 이해할 때까지 계속 맞고 있을 생각도 없습니다. 나를 향한 폭력 앞에서

엑	스	파	일

- 유대교의 신비주의적 교파, 혹은 그 가르침을 적은 책을 말합니다. 중세부터 근세에 걸쳐서 퍼졌으며, 13세기의 문헌「조하르」가 널리 알려져 있습니다.

계속 인내하고 있는 것은 썩 좋은 대처법이 아니니까요. **카발라**에는 이런 말이 있습니다. "신은 자비와 정의를 조율하여 심판한다." 네, 중요한 것은 조율입니다. 나에게 부탁하기 전에 한 번만 다시 생각해 보세요. 나는 프로페서 엑스도 매그니토도 아닙니다.

장래 포부

어렸을 때는 나는 숨어서 지내야만 했습니다. 부모를 포함한 모두가 나를 증오했으니까요. 평범한 아이처럼 부모의 손을 잡고 길을 걷는 것은 상상도 못했습니다. 그 후 찰스를 만났습니다. 편안했지요. 그의 말을 들으면서 밝은 햇살 아래서 나란히 걸을 때 너무나 기분이 좋았습니다. 그리고 행크에게서는 사랑을 느꼈습니다. 행복했지요. 처음으로 나를 사랑으로 바라봐주는 사람을 만났으니까 말입니다.

그러다가 매그니토를 만났어요. 그러고는 깨달았습니다. 평범한 사람처럼 변한 내가 찰스의 옆에 있었고, 예쁜 사람으로 변한 나를 행크가 사랑해 주었다면, 매그니토는 파랗고 울퉁불퉁한 내 본연의 모습을 인정해 주었다는 것을 말이에요.

내 꿈은 이제 확실합니다. 내 본 모습 그대로 밝은 태양 아래를 산책하면서 사람들과 인사를 나누는 것입니다. 우리를 두려워하지도 신기해하지도 않는 사람들과 함께요.

"Mutant, And Proud!"

수험표

성명	비스트
특징	괴력, 슈퍼스마트

천재 유전 과학자
비스트

나는 돌연변이 과학자입니다

힘이 내 능력의 전부가 아니다

헨리 필립 '행크' 맥코이 (Henry Philip 'Hank' McCoy). 이 긴 이름은 기억하지 못해도 좋습니다. 그냥 '행크'라고 불러주면 좋겠습니다. 이건 제 소박한 바람이기도 한데요. 비스트(the Beast), 블루 고릴라(Blue Gorilla)라는 별명을 순순히 받아들이기엔 아직 인간에 대한 미련이 많이 남아 있는 것 같습니다.

노턴 맥코이(Norton McCoY)와 에드나 맥코이 (Edna McCoy)는 제가 사랑하고 그리워하는 동시에 때로 원망하는 제 부모님의 이름입니다. 그날, 아버지께서 출근하지 않으셨더라면, 아니 아버지께서 보다 평범한 직업을 가지고 있었더라면…… 제가 지금 사랑하는 사람과 함께 할 수 있었을까요?

저는 다른 아이들처럼 일반 학교에 다녔습니다. 처음 얼마 동안은 아무 문제가 없었습니다. 문제가 있기는커녕 오히려 인기 있는 학생에 속했습니다. 또래에 비해 아주 영민했고 힘이 셌으며 달리기도 엄청 빨랐으니까요. 그런데 그토록 열광하던 친구들과 선생님들이 저를 점점 이상하게 받아들이기 시작했습니다. 호기심과 혐오감의 사이에서 자아가 무너져 내리기 직전 다행히 저는 찰스 자비에를 만났습니다. 그날 이후 찰스는 제 인생의 빛이 되었지요.

찰스가 운영하는 자비에 영재학교에서 저는 친구들을 만나고, 아이들에게 수학과 과학을 가르쳤으며, 내 능력을 갈무리하며 꿈을 꿨습니다. 현재는 돌연변이와 인류 공생의 미래를 위해 연구하고 있습니다. 물론 가장 중요한 일은 나와 같은 어린 돌연변이 친구들을 가르치는 것입니다.

나의 슈퍼 스마트를 나누고 싶어요

상대편을 누르고 이기는 것이 기뻐 마냥 빠르게 달렸던 미식축구 경기를 하면서 저는 비로소 깨달았습니다. 어떤 특정한 면에서 남보다 적당히 뛰어나면 부러움이나 존경은 받을 수 있지만 지나치게 다르면 혐오감을 불러일으킬 수 있다는 것을 말입니다. 무너질 뻔했던 저의 존재는 찰스 교수님 덕분에 의미를 되찾았지만 제 자신에 대한 의문은 여전히 남아 있습니다.

저의 초능력은 슈퍼 스마트, 즉 지나치게 똑똑한 것입니다. 15세에 하버드대학을 졸업했을 정도입니다. 끝없이 고민하고 탐구하는 가운데 저는 자신에 대한 부정과 긍정이 오가는 혼돈을 겪으며 나를 포함한 우리 돌연변이가 지구상에 존재하게 된 원인에 대해, 우리의 존재 이유와 가치에 대해, 인간에 대한 미련과 그리움에 대해, 인간과 돌연변이의 관계에 대해 치열하게 질문을 던지고 답을 찾았습니다. 정말이지 매우 힘든 시간이었습니다.

저는 먼저 돌연변이를 이해하기 위해 생물학과 유전학을 치열하게 공부했습니다. 초기에는 인간이 되려고 시도했다가 돌연변이 인자의 **표현형(表現型, phenotype)**이 더 진해지는 좌절을 겪기도 했는데요. 내게는 좌절을 안겨 주었지만 다행스럽게도 다른 돌연변이들이 사회적 차별을 덜 수 있는 일시적인 치료제로 사용되기도 했습니다. 저는 또한 인간들에게 우리의 존재 가치를 설득하기 위해 노력했습니다. 그 과정에서 인간들을 도왔어요. 남보다 힘이 세고 빠르다고 해서 우리가 죽지 않는 것은 아닙니다. 우리도 영원불멸의 존재는 아닙니다. 그럼에도 불구하고 우리는 목숨을 걸고 인간을 살렸습니다. 살아남기 위해 **체술 훈련**을 하고. 힘을 적절하게 사용하는 법을 배웠습니다. 한번은 찰스 교수님께서 초능력을 사용한 부작용으로 고생하신 적이 있는데 제가 옆에서 돌봐 드린 적이 있습니다. 이런 것처럼 다양한 작전 수행 중 다친 동료들을 치료하기 위해 해부학과 의학도 공부했습니다.

- '발현형질'이라고도 합니다. 생명학에서 생명체가 유전적인 정보를 이용하여 세포, 조직 및 개체에 단백질과 당을 통해 생산해 낸 기능을 가진 형질을 말합니다. 유전을 된다고 알려진 '유전형질' 대조되는 말입니다.
- 무기 없이 몸만을 가지고 체력을 늘리고, 싸움 능력을 키우는 훈련 방법을 의미합니다.

돌연변이들에겐 인간으로부터 자신을 지키는 동시에 우리 자신의 힘을 증대하기 위한 도구가 필요했습니다. 그래서 저는 물리학을 공부했고, 양자역학에 흠뻑 빠졌습니다. 기계학도 공부했는데 제게는 별로 어렵지 않았습니다. 어쩌면 저는 인간들 중 가장 훌륭한 과학자만큼 똑똑하지는 않아도 가장 넓게 과학을 탐구한 돌연변이인 것만은 확실합니다.

저는 또한 문학이나 음악, 미술 같은 예술을 섭렵하면서 인간을 더 깊이 이해할 수 있었습니다. 가끔 저는 그들처럼 평범한 일들에 대해 고민하고 누군가를 사랑하면서 살 수 있다면 얼마나 좋을까 생각합니다. 하지만 슬픔에 빠져 내 존재를 무너뜨릴 만큼 어리석지는 않았어요. 제가 좋아하는 역사와 인류학은 인간과 돌연변이의 관계에 대한 답을 찾는 과정이기도 했습니다. 흑인에 대한 폭력, 성 차별, 소수자들에 대한 편견과 무시 등등 제게 인류의 역사는 기득권층이 행한 폭력의 역사인 동시에 인간이라면 마땅히 누려야 할 다양한 권리의 영역이 계속 확장되는 과정이기도 했습니다. 이를 테면 제사장에서 왕으로, 귀족으로, 시민으로, 그리고 모든 사람으로, 더 나아가 모든 생명체로 기본권이 확장되는 것이지요.

그렇습니다. 저는 돌연변이도 어쩌면 그 안에 포함될 수 있을 거라고 기대했습니다. 그래서 정치학, 경제학, 사회학, 심리학도 파고들었습니다. 인간과 돌연변이 간의 오해와 편견과 불필요한 긴장감을 줄이고 싶었으니까요. 때로 동료들로부터 배신자라는 오명과 함께 배척당하면서까지 인간의 정책에 적극적으로 참여하기도 했습니다.

저는 돌연변이들의 권리 찾기에 대한 찰스 교수님과 매그니토 사이의 사상적, 방법론적 대립을 해결하는 길, 아니 그 해답을 찾는 것이 곧 엑스맨 주식회사의 정체성을 파악하는 것이라고 생각합니다. 그간 치열하게 던져 보았던 모든 질문과 이에 대한 답이 회사의 궁극적인 목적을 이루는 데 도움이 될 것이라고 확신합니다. 아마 이 세상에는 저만큼 스마트하고 다재다능한 돌연변이가 두 번 다시 나타나지 않을 겁니다.

생각이 삶을 바꾼다

질문을 던지는 행위조차 힘겨웠던 시절에 만난 글귀가 있습니다. "내 존재의 의미는 나의 삶이 나에게 질문한다는 데 있다. 한편 이것은 반대로 나 자신이 세상에 나의 대답을 전해 준다는 것을 의미한다. 그렇지 않으면 나는 세상의 응답에만 의존하게 될 것이다. '나는 누구인가?'라는 스스로의 질문에 답하는 것은 내 개인을 초월하는 사명으로 이는 오직 내가 전력을 다해 노력할 때에 비로소 도달할 수 있다"는 내용인데요. 이것은 스위스 출신의 정신의학자이자 심리학자였던 카를 융(Carl Gustav Jung, 1875~1961)이 한 말입니다.

그때 생각했습니다. 남들과 다르게 생긴 발가락이 부끄러워 한 번도 슬리퍼를 신고 외출해 본 적이 없는 나 자신을 돌아보면서, 피하고 도망치고 가리기만 한다면 문제를 해결할 수 없을 것이라고 말입니다. 이제 정체성에 대한 방황을 끝내고 답을 찾고야 말리라고요. 더 나아가 우리 종 전체의 존재 이유와 의미를 찾기 위해 죽을 때까지 탐구하겠다고 마음먹었습니다. 우리의 권리를 찾고 보호하기 위해 인류에게 먼저 다가서고, 우리의 꿈이 세대를 이어갈 수 있도록 어린 돌연변이들을 돌보겠다는 소망도 품었습니다.

제 삶에 영향을 준 또 한 사람의 심리학자이지 철학자인 미국의 윌리엄 제임스(William James, 1842~1910)는 "우리 세대의 가장 위대한 발견은 인간이 마음가짐을 바꾸면 태도와 삶을 바꿀 수 있다는 것이다"라고 말했습니다. 우리에 대한 불필요한 무지가 벗겨지고 사회에 대한 우리의 필요성이 받아들여질 때 인간들도 우리에 대한 편견을 버리고 태도를 바꿔 화합하는 날이 올 거라고 믿습니다.

유전학으로 돌연변이의
비밀을 파헤쳐라

유전학 연구에 발을 들이다

어떤 이들은 저를 보고 유인원을 닮았다고 말합니다. 또 다른 이들은 고양이를 닮았다고 하기도 해요. 그런 걸 보면 '비스트'라는 이름이 제가 듣고 싶어 하는 이름보다 더 잘 어울리는지도 모르겠습니다.

일부는 외모에 대한 편견 때문에 저를 '힘만 센 무식한 짐승'이라고 여길지도 모릅니다. 그러나 저는 힘이 센 비스트로서가 아니라 과학자 '행크'로서 회사에 기여할 수 있다고 생각합니다. 물리적인 힘으로 치면 저보다 훨씬 센 돌연변이들이 많으니까요

저는 특히 유전학 또는 유전분자학 분야에서 회사에 기여할 바가 크다고 자신합니다. 유전학이나 유전분자학은 개인적인 목적과 더불어 전체 인류를 위해 오랜 시간 연구해 온 분야로서 지구상의 모든

생명체 가운데 우리 돌연변이들의 존재 이유를 설명할 수 있는 학문입니다. 우리의 '다름'을 이해하는 데에 도움이 많이 되지요. 이 학문 연구를 통해 강한 힘을 원하지 않는 돌연변이에게는 평범함을 선물할 수도 있을 겁니다. 마치 과거의 저처럼 남과 달라서 괴로움이 더 큰 어린 돌연변이들에겐 특히 도움이 될 것입니다.

우선 제가 몸담고 연구 중인 유전학 혹은 유전분자학의 역사와 현재의 유전자 치료가 무엇인지, 그 의미는 무엇인지에 대해 먼저 설명을 드리겠습니다.

생명체의 유전 현상을 연구하는 학문인 유전학(遺傳學)은 아주 오래전에 시작되었습니다. 물론 옛날에는 당시엔 '유전학'이라는 단어가 없었겠지요. 연구자들도 인식하지 못했고요. 하지만 이미 고대 사회부터 생물의 특징이 부모 자식 간에 이어진다는 특성을 이해하고 있었습니다. 그리고 사람들은 점차 이 특성을 식량으로 쓰이는 식물의 품종 개량에 이용했습니다.

1800년대 중반 오스트리아의 수도 사제이자 학자였던 멘델(Gregor Johann Mendel, 1822~1884)은 완두를 재료로 식물의 교잡 실험을 수행한 결과 유전이 일정한 법칙을 따른다는 것을 확인하고 그 내용을 발표했습니다. 그 전까지 사람들은 다양한 유전 이론을 믿어 왔는데요. 대표적인 것이 '전성설(Preformation theory)'과 '혼합유전'입니다. 전성설은 정자 안에 미리 아이가 만들어져 있다는 가설이고, 혼합 유전은 빨강색과 노란색이 섞이면 주황색이 나오는 것처럼 아버지 어머니의 형질이 섞여서 새로운 형질이 나타난다고 보는 것입니다.

요즘 사람들 눈에는 전성설이 전혀 말이 안 되는 것으로 보일 것이고, 혼합유전 역시 조금만 생각해 보면 설명이 불가능한 것들이 많은 가설이기도 합니다. 예를 들어 아이에게는 아버지와 어머니의 특성을 합친 새로운 특성이 나타나는 게 아니라 아버지의 커다란 코, 어머니의 쌍꺼풀

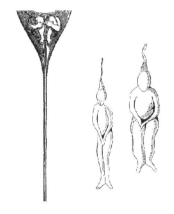

⬆ 전성설의 내용을 상상한 그림.

등 고유한 특성들이 그대로 전해지는 경우가 많거든요. 그렇지만 멘델이 유전 법칙을 발표한 이후에도 사람들은 꽤 오랫동안 다른 가설들을 믿었습니다. 아쉽게도 멘델의 법칙은 한동안 묻혀 있게 되지요. 비슷한 시대를 살았던 찰스 다윈조차도 멘델의 발표를 보고도 그냥 넘어갔다고 합니다. 자신의 진화론에 신빙성을 더해줄 수 있는 내용임에도 불구하고 그 가치를 몰랐던 것이지요. 진화론 초기의 한계였던 **변이(變異)**의 기원과 과정을 설명할 수 있는 유전 메커니즘을 설명해 줄 수 있었는데 말입니다.

엑	스	파	일

- 같은 종 내에서 발생하는 형질의 차이를 의미합니다. 초기 진화론에서 는 변이가 어떻게 생길 수 있는지에 대한 설명이 부족했지요.

멘델의 법칙

멘델은 기거하던 수도원의 조그마한 뜰에서 1856년부터 완두를 재료로 유전에 대한 실험을 시작, 7년 후에 '멘델의 법칙'을 발견했습니다. 완두콩은 꽃과 콩의 색깔이나 형태 등이 두 가지로 단순했으며 한 세대가 짧은 편이라서 실험하기가 수월합니다. 특이할 만한 점을 관찰하고 실험한 결과들을 양을 헤아려 분석할 수 있을 만큼 다루기가 쉬웠다는 뜻이지요. 멘델은 이 같은 장점을 활용하여 완두콩 실험을 진행했습니다. 그리고 여러 가지 완두콩의 형질을 가지고 교배를 반복하여 마침내 정량적인 규칙성을 찾아냈습니다.

예를 들어 완두콩의 꽃의 색은 흰색이거나 보라색입니다. 보라색 꽃과 흰색 꽃을 교배했더니 모두 보라색이 나오는 것을 보고 멘델은 의아해 합니다. 그럼 흰색은 모두 어디로 간 것일까요, 다 사라진 것일까요?

멘델은 그 당시 실험 관행—부모를 교배시켜서 자식까지만 확인하는 것—과 달리 한 번 더 교배를 진행합니다. 새로 나온 보라색 꽃끼리 교배를 한 번 더 해 본 것입니다. 그랬더니 신기하게도 다시 흰색 꽃이 나타납니다. 그리고 이때 보라색 꽃과 흰색 꽃의 비율이 거의 3:1에 가깝게 나타난 거예요. 하지만 왜 이런 현상이 나타났는지 멘델도 알지 못했습니다. 현재 우리가 알고 있는 **염색체**라는 개념이 없었기 때문인데요. 이 과정에서 멘델은 천재적인 발상을 하게 됩니다. 우성과 열성의 개념을 생각하게 되었고, 3:1이라는 비율을 설명하기 위

🔺 멘델이 거주하면서 완두콩 교배 실험을 했던 수도원.

해 두 개의 '유전을 담당하는 입자'가 있다고 주장한 것입니다.

　그는 이 두 개의 입자가 자식에게 전달될 때 분리되어 어머니 것 하나, 아버지 것이 하나씩 만나 자식의 입자가 된다고 생각했습니다. 그래서 보라색 유전자끼리 만나면 보라색 꽃이, 흰색 유전자끼리 만나면 흰색 꽃이 생긴다고 설명했습니다. 그리고 보라색 하나와 흰색 하나가 만났을 때 보라색 유전자의 힘이 더 강하여 보라색 꽃이 나타나지만 이렇게 나온 잡종(보라색+흰색)끼리 교배하면 특성이 다시 분리되어 자손에게 전달되므로 흰색 유전자끼리 만나는 경우엔 흰색 꽃이 다시 나올 수 있다는 것입니다. 이를 각각 후대 사람들이 '우열의 법칙'과 '분리의 법칙'이라고 명명하게 됩니다. 그리고 유전을 담당하는 입자를 '유전자'라고 부르게 됩니다. 그리고 한 쌍이 될 때 서로 현미경의 개발 이후 많은 학자들이 육안으로는 보이지 않는 세포 내 구조물들을 관찰하기 시작했습니다. 당연히 보이는 구조물들의 어떤 역할을 하는지는 몰랐지요. 그런 구조물들 중에 특정한 시기에만 특정 염색약에 염색이 되는 구조물이 있었습니다. 역시나 무슨 역할을 하는지는 몰랐지만, 염색이 되기에 색깔을 가지는 구조물이라는 이름을 붙이게 됩니다. 더 정확히는 그리스어 중에 색깔이라는 의미를 가지는 chroma와 몸을 의미하는 soma를 합쳐서 chromosome 이라는 이름을 붙이게 되고, 이를 번역하여 우리는 염색체라고 부릅니다.

처음에는 무슨 역할을 하는지 모르고 있었지만 본문에도 언급된 보베리, 셔턴, 모건 등의 학자들에 의해서 염색체와 유전과의 연관성이 밝혀지게 되었습니다.

후에 생명체의 정보를 담고 있는 것은 DNA라고 정확히 밝혀지게 되지만, 사실 DNA 단독으로 존재하는 것은 안전성이 떨어져서 쉽게 분해될 수 있습니다. 이를 막기 위해서 DNA가 단백질(정확히는 히스톤 단백질입니다)과 결합하여 안정된 구조물을 가지게 되는데 이 것이 염색체입니다. 모든 경우에 염색체가 관찰되는 것은 아니고, 세포가 분열되는 시기에만 염색체가 잘 보입니다. 분열기가 아닐 때는 얇은 실같은 형태로 존재하다가(염색사), 세포 분열기에 염색사가 응축되면서 굵은 실타래나 막대 모양의 염색체가 되게 됩니다.

세포들은 핵의 유무에 따라 핵이 있는 진핵 세포와 핵이 없는 원핵 세포로 나누게 되는데, 염색체의 형태나 위치, 복제 방법 등에 차이가 있습니다. 원핵 세포의 경우 염색체는 세포질 내에 위치하며, 고리 모양의 구조물로 이루어져 있습니다. 가장 대표적인 예가 대장균과 같은 세균들입니다. 반면에 진핵 세포의 경우 염색체가 핵 안에 존재하며 이중 나선 구조를 가지고 있습니다. 사람이 대표적인 진핵 세포를 가진 생물이라고 보시면 되며, 주변에서 흔히 보는 대다수 동식물군이 이에 해당합니다.

진핵 생물의 염색체 수는 다양한데, 사람의 경우 22쌍의 일반 염색체와 1쌍의 성염색체를 가져 총 46개의 염색체를 가지고 있습니다. 사람의 경우 2개의 염색체가 쌍을 이루고 있는데, 일부 동식물의 경우 더 많은 수의 염색체가 쌍을 이루기도 합니다. 예를 들어 밀의 경우는 4개의 염색체가 한쌍을 이루고 있습니다. 이런 것을 다배체라고 부르는 데 일반적으로 동물보다는 식물에서 더 흔히 보입니다.

🔺 멘델은 꽃의 색과 같은 유전형질을 연구하여 유전법칙을 정리하였다.

씨앗		꽃	콩깍지		줄기	
모양	떡잎	색깔	모양	색깔	꽃의 위치	줄기의 키
둥글고 회색	황색	흰색	매끈함	황색	잎겨드랑이	줄기가 길다
주름진 흰색	녹색	보라색	잘록함	녹색	줄기 끝	줄기가 짧다
1	2	3	4	5	6	7

🔺 멘델은 완두콩을 오랫동안 자가수분하여 특정한 유전형질이 고정된 순종을 얻었다. 그리고 일곱 가지 대립되는 유전형질을 선택하여 이를 잡종 교배할 경우 자식 세대에 발현되는 형질은 어떻게 되는지 관찰하였다.

179

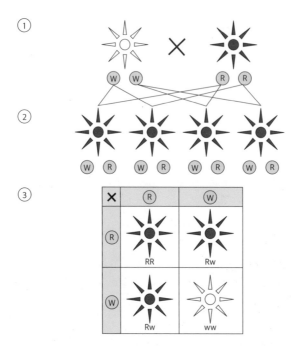

🔺 P – 순종인 부모 세대 (붉은 꽃 / 흰 꽃), F1– 잡종 1세대 (모두 붉은 꽃), F2– 잡종 2세대 (붉은 꽃 : 흰 꽃 = 3:1)

다른 형질을 담당하는 유전자를 '대립 유전자'라고 부르게 됩니다.

　이 같은 실험 결과를 재확인하기 위해 멘델은 완두콩의 다른 형질로도 실험합니다. 콩의 모양과 색깔을 다르게 해서 실험한 것입니다. 그랬더니 이번에도 역시 다른 형질들이 3:1의 비율로 나타난 것을 재확인하게 됩니다.

　멘델은 또 다시 생각합니다. '스마트'라면 누구에게도 뒤지지 않는 내게도 멘델은 천재로 보입니다. 왜냐하면 서로 다른 형질의 경우 영향을 주지 않고 각각 독립적으로 유전된다는 생각을 했기 때문입니다. 이것이 바로 멘델의 제3법칙인 '독립의 법칙'입니다. 유전학은 멘델로부터 기초가 놓였다고 해도 결코 과언이 아니지요. 하지만 멘델의 논문이 발표된 뒤로 한참 동안은 사람들이 그 가치를 알지 못했습니다.

유전 물질인 염색체를 발견하다

1900년대 초, 다행스럽게도 식물학자 세 명이 등장합니다. 독일 식물학자 카를 코렌스(Carl Correns, 1864~1933), 오스트리아 식물학자 에리히 체르마크(Erich Tschermak, 1871~1962), 네덜란드 식물학자 휘호 더프리스(Hugo de Vries, 1848~1935)입니다. 이 세 사람은 멘델의 유전 법칙을 재발견하는데요. 정확히는 비슷한 시기 각자 식물을 가지고 실험하다가 멘델이 발견하고 생각했던 것을 똑같이 반복하면서 그 결과에 환호하게 된 것입니다.

이들은 본격적으로 논문을 발표하기 전에 이전에 나온 논문들을 살펴보게 되는데, 그 와중에 멘델이 이미 30여 년 전에 비슷한 내용의 실험 결과를 발표했다는 사실을 알게 됩니다. 멘델의 유전 법칙은 이들 덕분에 많은 사람들에게 알려지고 법칙화하여 유전학의 기본으로 자리를 잡게 됩니다.

이렇게 해서 멘델의 유전 법칙이 인정된 뒤, 일부 사람들은 의문을 제기하게 됩니다. 세대가 반복되면 우성인 특징의 빈도가 점점 더 늘어나는 것 아닐까, 하고 말입니다. 예를 들어 손가락이나 발가락을 구성하는 뼈는 있지만 이들 중 일부가 병적으로 짧은 단지증(短指症)은 우성 형질입니다. 그렇다면 단지증을 가진 사람과 일반 사람이 반복해서 결혼하면 결국 단지증 사람이 많아지지 않겠냐는 의문을 제기한 거죠. 이 같은 의문에 대해 영국의 수학자 고드프리 해럴드 하디(Godfrey Harold Hardy, 1877~1947)는 수학적인 관점에서, 그리고 독일의 유전학자 빌헬름 바인베르크(Wilhelm Weinberg, 1862~1937)는 연구와 실험에 근거하여 그 답을 찾아 알려 주었습니다.

제게는 수학적인 접근 방식이 더 이해하기 편했습니다. 많은 분들이 이미 알고 있는 간단한 방정식을 생각하면 됩니다. A유전자와 a유전자가 있을 때 교배해서 자손이 태어나게 되더라도 $(A+a)^2=A^2+2Aa+a^2$이기 때문에 각각의 유전자의 비율은 서로 변하지 않습니다. 세대가 반복되더라도 전체 유전자풀(gene pool) 내에서의 대립 유전자 간의 비율이 변하지 않는다는 뜻입니다. 이것이 일명 **하디-바인베르크 법칙**입니다. 물론 진화가 발생하지 않고, 돌연변이가 없고, 외부 요인에 의한 변화가 없을 때 등 한계가 있지만 이 법칙은 고전 물리학의 뉴턴 법칙과도 같은 중요한 법칙으로 인정받게 됩니다.

엑	스	파	일

- 충분히 큰 개체군에서 유전자 변화를 일으키는 외부적 요인이 작용하지 않는 한, 발현되는 유전자형의 빈도는 세대를 거듭하더라도 그 빈도가 일정하다는 법칙입니다.

그 뒤로도 사람들은 지속적인 의문을 제기합니다. '그러면 유전자는 도대체 어디에 있는 것일까?' 하고요. 사실 인간이 세포 안의 구조물을 살펴보기 시작한 것은 생각보다 오래전부터였습니다. 멘델 이전 시대에 이미 독일 생물학자들에 의해 세포가 발견되었으며, 그때 이 세포 안의 구조물 중 어떤 것에 생명의 비밀이 숨어 있다고 생각했던 것입니다. 한편으로 멘델과 비슷한 시기에 스위스 학자 프리드리히 미셔(Johannes Friedrich Miescher, 1844~1895)는 세포핵 안에 질소와 인이 풍부한 것을 발견한 뒤 1874년 여기에 '핵산(nucleic acid)'이라는 이름을 붙입니다. 바로 DNA(deoxyribonucleic acid)죠. 다만 이 핵산이 유전 물질이라는 생각은 하지 못했습니다. 실제로 이 시기 수많은 학자들은 유전 물질이 단백질일 거라고 확신했습니다. 신체를 구성하는 물질 중 가장 많은 것이 단백질이고 단백질은 20종의 아미노산으로 이루어져 있으니 아미노산의 조합으로 무수히 많은 단백질을 만들고 여기에 정보를 저장하기 적당하다고 생각했던 것입니다. 그렇게 세포를 관찰하던 중 이상하게도 세포가 분열될 때만 염색되어 쌍으로 된 막대기 모양이 보이는 게 발견됩니다. 당연히 그게 무엇인지, 무슨 역할을 하는지 모른 채 염색되는 물질이라는 의미로 '염색체(chromosome)'라는 이름을 붙였습니다.

염색체란 무엇인가?

멘델의 유전 법칙이 재발견된 뒤 사람들은 이 염색체에 대해 의문을 가집니다. 혹시 멘델이 말한 유전 물질이 염색체가 아닐까 하고 말이죠. 그중 대표적인 사람이 미국의 월터 서턴(Walter Stanborough Sutton, 1877~1916)과 독일의 테오도어 보베리(Theodor Boveri, 1862~1915)입니다. 서턴은 메뚜기를, 보베리는 성게를 연구하면서 이들 각각의 염색체가 바로 멘델이 설명한 유전 물질과 비슷하다는 것을 발견합니다. 즉 유전 물질이 염색체에 존재한다는 결론을 얻게 된 것입니다. 이를 '서턴-보베리 염색체 이론'이라고 합니다.

다만 일부 학자들은 멘델 법칙이나 서턴의 염색체 이론이 교배의 결과를 설명하고 예측할 수 있지만 유전이 이루어지는 정확한 과정을 설명하지는 못한다고 생각했습니다. 특히 염색체 하나가 특정 유전 형질 하나를 가지고 있다고 생각하지 않았습니다. 그중 한 명이 미국의 생물학자 토머스 헌트 모건(Thomas Hunt Morgan, 1866~1945)입니다. 모건은 초파리로 교배 실험을 했습니다. 초파리 또한 완두콩처럼 대립 형질이 명확하고 세대 수가 짧으며 염색체 수도 적어서 분석에 용이하다고 판단했기 때문입니다(초파리는 요즘에도 실험에 적극적으로 이용됩니다).

초파리의 눈은 일반적으로 붉은색입니다. 어느 날 모건은 우연히 흰색 눈을 가진 수컷 초파리를 발견합니다. 호기심을 느낀 모건은 붉은 눈의 암컷과 흰색 눈의 수컷을 교배시킵니다. 결과는 어땠을까요?

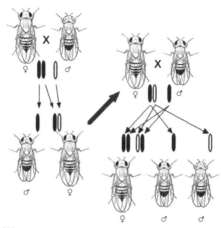

🔺 모건의 초파리 실험.

교배 1세대의 눈은 모두 붉은색이었습니다. 그런데 교배 1세대끼리 다시 교배를 시키자 예측하지 못했던 결과가 나왔습니다. 암수 상관없이 3:1의 비율로 붉은 눈과 흰 눈이 나왔어야 하는데 흰색 눈은 오로지 수컷에게만 나타났습니다.

모건은 여기서 성염색체(X,Y)가 있으며, 이 성염색체에 유전 물질이 있고, 이에 따라 특정한 성별에만 형질이 나타난 것이라고 생각했습니다. 즉, **반성 유전(한성 유전)**을 생각하게 된 것입니다. 반성(한성) 유전이 되는 형질들은 한 가지만 있는 것이 아니라 다양하게 존재합니다. 만약 이런 유전자들이 서로 연관성 없이 존재한다면 형질이 발현될 때도 연관성이 없어야 하는데, 일부 형질은 항상 같이 나타나거나 나타나지 않는 것을 발견하게 되었습니다. 이로써 연관성이 있는 유전자들은 같은 염색체 위에 존재하고 있다고 생각하게 됩니다. 다만 모건 역시 DNA가 유전자라는 것은 모르고 있었습니다.

유전 물질은 바로 DNA였어!

영국의 세균 학자였던 그리피스(Frederick Griffith, 1877~1941)는 1928년 폐렴 백신을 연구하기 위해 폐구균을 연구했습니다. 폐구균은 폐렴이나 뇌수막염을 일으키는 세균으로 크게 독성이 강한 S형과 독성이 매우 약한 R형으로 나눌 수 있습니다. 그리피스는 이 각각의 균을 생쥐에 투약한 뒤 폐렴 발생 여부를 확인했습니다. S형을 주입한 생쥐는 폐렴에 걸려 죽었고, R형 주입 생쥐는 특별한 이상 없이 지냈습니다. 그 뒤 S형을 열처리하여 생쥐에 주사했더니 이번에는 폐렴이 발생하지 않았습니다. 그런데 열처리하여 단백질의 기능이 상실된 S형을 살아 있는 R형과 섞어서 생쥐에 주사했더니 뜻밖의 결과가 나왔습니다. 별 탈 없을 줄 알았던 생쥐에게 폐렴이 발생했고 결국 그 생쥐는 죽고 말았습니다. 독성을 일으키는 S형 내의 어떤 성분이 R로 전달되었다는 결론인데요. 당시 유전 물질로 생각했던 단백질은 열을 가하면 형태가 변하는 특성을 가지고 있었지만 그리피스는 그 원인을 이해하지 못했습니다.

　그리피스의 연구 결과를 흥미롭게 생각한 사람이 있었습니다. 미국의 세균 학자 에이버리(Oswald Avery, 1877~1955)입니다. 그는 S형 폐구균의 **세포를 깨뜨려** 내용물을 분리했습니다. 그리고 거기서 나온 각각을 R형 폐구균에 주입했어요. 에이버리 역시 그때까지만 해도 단백질이 유전 물질이라는 생각에서 벗어나지 못했기에 실험 초기에는 특별한 결과물을 얻지 못했고, 먼저 의심했던 단백질들을 주입했기 때문에 R형 세균에는 변화가 생기지 않았습니다. 그러던 중 DNA를 주입하게 되자 R형 폐구균이 치명적인 S형으로 변화하는 것을 발견했는데요. DNA가 유전 물질인 것을 재확인하기 위하여 에이버리는 DNA 분해 효소를 S형 추출물에 넣어 다시 실험했습니다. 즉, S형 추출물의 DNA를 파괴한 후 R형 세균에 주입한 것입니다. 하지만 R형 폐구균을 변화시키지 못했습니다. 결국 DNA가 유전 물질임을 확신하게 된 것이지요. 그 후 1944년 에이버리는 동료와 함께 DNA가 유전 물질이라는 연구 결과를 발표합니다. 마침내 DNA의 역할을 인류가 알게 된 것입니다.

　그때부터 사람들은 새로운 것을 궁금해 하기 시작했습니다. DNA는 어떻게 구성되어 있는지, DNA가 우리 몸을 구성하는 주요 물질인

단백질을 어떻게 구성하는지, 그리고 어떤 방식으로 생물체의 고유한 정보를 후손에게 전달하는지에 대해서요.

그 답을 찾아내는 데 결정적인 역할을 한 과학자들이 바로 샤가프(Erwin Chargaff, 1905~2002), 프랭클린(Rosalind Elsie Franklin, 1920~1958), 왓슨(James Dewey Watson, 1928~1953), 크릭(Francis Harry Compton Crick, 1916~2004)입니다.

먼저 샤가프는 DNA를 구성하는 물질을 분석했습니다. DNA는 뉴클레오타이드으로 이루어져 있는 구조물입니다. 뉴클레오타이드는 당과 염기, 인산기로 이루어진 분자인데, 이러한 뉴클레오타이드가 수백만 개 이상 연결된 것이 RNA와 DNA입니다. RNA와 DNA는 당의 종류에 따라서 구별될 수 있습니다. 염기는 크게 피리미딘 계와 퓨린 계로 나눠지는데, 피리미딘 계에는 시토신, 티민, 우라실이 있고, 퓨린 계에는 아데닌과 구아닌이 있습니다. 염기는 유전 정보를 저장하는 역할을 담당합니다. 그중에서 아데닌, 티민, 구아닌, 시토신이 DNA를 구성하는 네 가지 염기죠. 이 염기들을 분석한 결과 아데닌(adenine)의 양은 티민(thymine)의 양과 같았고, 구아닌(guanine)의 양은 시토신(cytosine)의 양과 같다는 것을 알게 됩니다. 두 염기의 비율이 일정하다는 것은 어떤 구조든 간에 두 염기가 서로 짝지어 있을 가능성이 높다는 추론을 하게 해 주었습니다. 그 뒤 연구자들은 생각합니다. 구성 물질들이 어떻게 짝 지어지고 배열되어야 DNA가 안정적으로 유지되면서도 복제를 쉽게 하기 위해 잘 분리될 수 있을까 하고 말입니다.

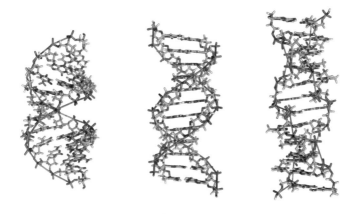

⬆ DNA 이중나선의 종류. 왼쪽부터 A형, B형, Z형.

왓슨과 크릭은 이중 나선 구조를 생각하게 되고 라이너스 폴링 (Linus Carl Pauling, 1901~1994)이라는 또 다른 과학자는 삼중 나선 구조를 주장하게 됩니다. 다만 확실한 증거가 있지 않았던 그때 왓슨과 크릭은 한 장의 사진을 보게 됩니다. 프랭클린이 찍은 DNA의 **X선 회절** 사진(1952)이었어요. X선의 특성을 이용하여 물질의 구조를 파악하는 연구를 진행 중이던 프랭클린은 1952년 DNA 구조를 촬영하게 됩니다. 왓스과 크릭은 할 수 없었던 일이지요. 문제는 프랭클린의 동의 없이 동료에 의해 사진이 제공되었고 그것이 결정적인 증거가 되어 왓슨과 크릭은 이중 나선 구조(1953)를 확신하게 됩니다. 배신과 우연과 참신한 생각이 겹쳐서 이제 **유전학**은 **분자 유전학**의 시대에 접어들게 됩니다. 다만 기억해 주세요. 모두들 왓슨과 크릭만을 떠올리지만 사실 프랭클린이 없었다면 그들의 가설은 그저 가설로만 남았을지도 모른다는 점을 말입니다.

회절은 파동이 장애물을 만났을 때 휘어지거나 퍼지는 형상을 의미합니다. X선 또한 파동이기 때문에 물질을 이루는 원자를 장애물로 만났을 때 회절을 일으킬 수 있으며 이 회절상을 통해 물질의 구조를 파악할 수 있습니다. 왓슨과 크릭은 이를 통해 이중 나선 구조를 확인했습니다.

'유전학'은 부모로부터 자식에게 특성이 어떻게 전달이 되는지에 관심을 갖는 학문입니다. 본문에도 언급된 것처럼 유전학이라는 단어가 탄생하기 오래전부터 사람들은 실제로 유전학을 연구하고 있는 것이나 다름없었습니다. 심지어는 고대 바빌로니아 때 만들어진 것으로 보이는 서판에 말의 혈통표로 추정되는 것이 기록되어 있기도 합니다. 즉, 선택적 교배를 통해 사람들이 원하는 특성을 가진 식물과 동물을 개량하는 것이 초기의 유전학이라고 볼 수 있습니다.

멘델의 연구를 시작으로 근대에 접어들면서 많은 연구자들은 본격적으로 특성이 자손에게 전달되는 규칙을 찾기 시작했습니다. 그리고 어떤 방식으로 전달되는지에 대한 연구를 지속했습니다. 수많은 연구 결과들이 쌓인 끝에(본문 참조) DNA가 유전을 담당한다는 사실을 발견했고, 왓슨과 크릭에 의해 DNA 구조가 확인되었지요.

전통적인 유전학은 유전학의 기본 원리를 연구하고 어떻게 특성이 다음 세대로 전달되는지 연구했습니다. 염색체와 유전의 관계, 염색체 위에 유전자는 어떻게 배열되는지, 특정한 유전자는 염색체 위의 어느 곳에 위치하는지(유전자 지도) 등이 전통적인 유전학의 관심사였습니다.

그러던 중 1970년대에 접어들면서 '분자 유전학'이라는 개념이 등장하기 시작합니다. 분자 유전자학은 유전자 자체의 화학적 특성에 관심을 갖습니다. 즉, 유전 정보는 어떻게 암호화되고 복제되고 가공되는가, 복제 및 전사와 번역 과정에서의 세포 내 모습, 유전자 조절 및 발현을 조절하는 과정 등이 주요 관심사입니다.

한 가지 더, '집단 유전학'이라는 분야도 존재합니다. 집단 내 개체 간의 유전적인 변이와 조성이 환경적, 시간적 특성에 따라 어떻게 변화하는지에 대해 관심을 가지는 학문입니다. 진화적 변화에 대한 유전적인 접근이라고 보셔도 됩니다. 집단 내 유전적 조성이 시간과 환경에 따라 어떻게 변화하는지, 집단 내 유전적 빈도의 변화를 일으키는 원인은 무엇인지가 주요 관심사라고 할 수 있습니다.

하지만 최근에는 이렇게 구분하는 것 자체도 전통적인 유전학이라고 보기도 합니다. 왜냐하면 세 가지를 일률적으로 구별하여 연구를 진행하는 것이 아니라 서로 융합되어 있기 때문입니다. 더하여 컴퓨터, 수학, 화학 등 다른 학문의 발전에 따라 서로 결과를 주고받으며 연구를 진행하는 것이 현재의 유전학이라고 보면 좋겠습니다.

유전학으로
돌연변이 존재를 설명하다

DNA는 어떻게 단백질을 만들까?

인간 세계의 과학 발전 이야기에 이어 지금부터는 우리 돌연변이에게 가장 중요한 내용을 말씀드리겠습니다. 제가 가진 능력, 즉 유전자를 분석하고 조작하는 유전 공학자로서의 능력에 토대를 이루어 주는 아주 중요한 발견인데요. 그것이 바로 **센트럴 도그마**(central dogma)입니다.

DNA 구조가 밝혀진 뒤의 중요한 화두는 'DNA가 어떻게 단백질을 만들까?' 하는 점이었습니다. 처음에는 각각의 **염기서열**(nucleic sequence)에 맞는 **아미노산**이 서로 붙어서 그것들이 연결되어 단백질이 된다고 생각했지만, 왓슨과 크릭은 그 부분에 동의하지 않았습니다. DNA는 이중 나선 구조이기 때문에 아미노산이 DNA에 직접 붙

크릭에 의해 제안된, DNA를 통해 RNA가 만들어지고, RNA를 통해 단백질이 만들어진다는 개념입니다. 후에 레트로 바이러스와 같은 역전사 사례 등의 예외가 발견되었습니다. 자세한 내용은 이어지는 본문을 참고하세요.

핵산의 1차 구조(Nucleic Acid Primary Structure)라고도 합니다. DNA의 기본 단위 뉴클레오타이드의 구성 성분 중 하나인 핵 염기들을 순서대로 나열해 놓은 것입니다. 유전자는 생물의 유전 형질을 결정하는 단백질을 지정하는 기본적인 단위로, 지구상의 모든 생명체들은 염기서열을 통해 단백질을 지정합니다.

생물의 단백질을 구성하는 유기 화합물입니다. 모든 아미노산에는 탄소, 수소, 산소, 질소가 들어 있는데요. 일부 아미노산에는 황도 들어 있습니다. 달걀, 고기, 유제품과 같은 단백질 식품과 일부 야채에 아미노산이 들어 있어요. 이런 식품은 몸속에서 아미노산으로 분해되고 이 아미노산이 다시 결합하여 새로운 단백질이 됩니다. 아미노산의 배열순서가 달라지면 단백질의 종류도 달라집니다.

DNA는 개개인마다 다른 고유의 유전 정보를 담고 있습니다. 유전 정보란 어떠한 세포들을 만들어야 하는지, 즉 몸속의 기관들은 어떻게 만들고 피부색이나 머리카락, 눈의 색 같은 겉모습은 어떻게 만들지 결정하는 정보라고 할 수 있습니다. 이런 일을 해내려면 누군가가 DNA가 '이렇게 만들어라'고 지령한 정보를 '해석'한 다음 이 정보를 받아들여 실행하는 곳에 '전달'해야 하는데요. 그러한 중간 역할을 하는 것이 RNA입니다. 즉 RNA는 DNA가 설계한 청사진을 전달하는 일을 하는 것입니다. RNA는 전달자(messenger)의 역할을 하는 'mRNA', 운반자(transfer)의 역할을 하는 'tRNA', 지령대로 제품을 만드는 'rRNA'로 구분됩니다. 이때 'r'은 단백질을 만드는 세포기관인 리보솜(ribosome)의 첫 글자입니다.

기에는 공간이 적다고 생각한 것입니다. 그리고 다른 실험을 통해 세포에서 DNA를 제거하더라도 단백질 생산이 바로 중지되지 않는다는 것이 밝혀졌는데, 만약 아미노산이 직접 DNA에 붙어서 단백질이 만들어지는 것이라 한다면 이는 불가능한 일이었습니다. 따라서 그들은 중간 매개체가 있을 가능성을 생각합니다. 그리고 그때까지 역할이 밝혀지지 않았던 **RNA**에 주목했습니다. 단백질이 많이 만들어지는 세포일수록 RNA가 풍부하다는 사실이 밝혀지면서 두 과학자는 중간 매개체로 RNA를 의심하게 됩니다.

이윽고 1959년 크릭은 센트럴 도그마를 제안하게 됩니다. 단백질을 만드는 정보는 DNA에 있으며, 이것이 RNA로 복사되고, 복사된 RNA는 단백질을 만드는 세포 내 기관인 리보솜(ribosome)으로 이동하여 단백질을 만든다는 것입니다. 이때 DNA는 스스로 복제될 수 있지만, RNA와 단백질은 그것의 틀(전 단계. RNA에게는 DNA, 단백질에는 RNA)이 존재하지 않는다면 결코 만들어질 수 없다는 것이 가장 중요한 개념이었습니다. 이 과정을 다시 나눠서 설명하면 다음과 같습니다.

- 복제(replication): DNA가 스스로 복제하는 과정
- 전사(transcription): DNA를 틀로 RNA가 만들어지는 과정
- 번역(translation): 리보솜에서 RNA를 틀로 단백질을 만드는 과정

즉, 세포가 분열할 때 DNA는 복제되어 스스로를 복사하게 되고, 필요한 단백질이 있다면 그 단백질에 대한 유전 정보가 담긴 DNA

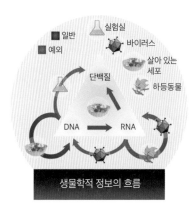

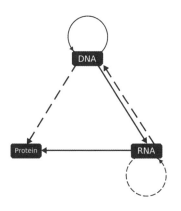

🔺 유전 정보의 전달.

🔺 분자생물학의 중심원리. 유전 정보가 전달되는 과정을 설명하고 있다. 실선은 일반적 전이과정, 점선은 특수한 전이과정을 나타낸다.

가 RNA로 전사되며, 그 RNA는 리보솜으로 이동하게 됩니다. 리보솜에는 rRNA라고 하는 스스로 가지고 있는 RNA가 있는데 이 전사된 RNA를 기준으로 rRNA가 붙게 됩니다. rRNA는 3개의 단위마다 하나의 아미노산이 지정되어 있기에, 배열 순서대로 아미노산이 달라붙습니다. 이 아미노산이 모여 단백질을 완성하게 되는데요. 크릭은 이와 같은 유전 정보 전달의 흐름을 생물의 일반적 원칙이라 하여 '센트럴 도그마'라 불렀습니다.

센트럴 도그마는 우리 돌연변이에 중요한 반환점을 제공해 줍니다. 성스러운 것으로만 여겼던 생명 작용이 DNA, 단백질과 같은 화학물질로 치환될 수 있다는 생각을 가지게 해 주었고, 이는 결국 생명체를 정신적 존재가 아니라 물리적 존재로 여겨 그 특성을 연구하기 위해서 그것들이 가지고 있는 DNA, 단백질 등을 분석해야 한다

는 결론에 이르게 했으니 말입니다.

센트럴 도그마의 확립 이후에 생명은 태어나면 더 이상 손을 댈수 없는 것이 아니라 인간의 능력으로 개입이 가능한 것으로 인식이 바뀌게 됩니다. 복잡한 생명체든 단순한 생명체든 결국 DNA라고 하는 기본 재료가 같으므로 서로 조각을 바꾸거나 빼거나 덧붙이면 전혀 새로운 형태로 만들 수 있다는 생각을 하게 된 것입니다. 단순히 X선, 방사선과 같은 외부 자극을 통해 태어났던 1세대 인공적인 돌연변이들과 달리 앞으로 인간을 더욱더 적극적으로 돌연변이를 발생시킬 힘을 얻게 된 것입니다. 이러한 생각을 바탕으로 한 저의 연구는 고통 받기를 원하지 않는 돌연변이를 원래대로 돌리거나 돌연변이의 권리를 위해 더 강한 힘을 가지도록 도울 수 있게끔 하는 것입니다.

DNA의 암호를 풀다

센트럴 도그마 이후 사람들은 DNA에 숨겨진 암호를 풀려고 노력했습니다. 세 개의 염기 서열이 하나의 아미노산을 담당한다는 것은 이미 알려져 있었지만 그 각각의 사이에 존재하는 규칙을 알지 못했기 때문입니다. 1961년, 미국의 생화학자 마셜 워런 니런버그(Marshall Warren Nirenberg, 1927~2010)는 최초로 페닐알라닌 아미노산을 담당하는 염기 서열을 밝혀냈습니다. 그 뒤 많은 학자들에 의해 연구가 진행되어 1966년에 이르러서는 모든 아미노산과 DNA 코드의 관계가 밝혀집니다. 이 3개의 염기 묶음을 '코돈(유전 부호)'이라고 부르게 됩니다.

뒤이은 연구를 통해 모든 생명체는 같은 코돈을 사용한다는 것이 알려지는데요. 즉, 세균이든 토끼든 사람이든 같은 프로그램 언어를 가지고 있다는 것입니다. 이로써 적어도 모든 생명체는 DNA 단위에서는 평등하다는 사실이 드러났습니다. 동일한 언어로 프로그램되었기 때문에 원한다면 한 종의 DNA를 다른 종에 붙이는 것도 가능한 일로 받아들여졌습니다. 다만 이를 실현하려면 인간이 원하는 부위만 잘라서 다시 원하는 부위에 붙일 수 있어야 했습니다.

1967년, 마틴 겔러트(Martin Gellert, 1929~)와 로버트 레먼(Robert Lehman, 1891~1969)은 마침내 이 접착제를 찾아냅니다. DNA 복제 과정에서 발생하는 DNA 절편들을 서로 연결하여 온전한 DNA로 만드는 DNA '연결 효소(ligase)'를 발견한 것입니다. 포유류는 4종류의 DNA 연결 효소를 가지고 있는데 이것들을 통해 복제, 보수 등을 할 수 있습니다. 이후 1970년에는 해밀턴 스미스(Hamilton Othanel Smith, 1931~)가 최초로 '가위'를 찾아냅니다.

그는 세균이 바이러스에 침입하는 과정에서 바이러스의 특정 DNA만을 골라 제한적으로 자르는 효소를 발견했습니다. 박테리오파지(세균에 기생하는 바이러스를 의미)는 자신의 DNA를 세균의 DNA에 집어넣는데, 그 후 세균이 자신의 DNA를 복제할 때, 침입한 바이러스의 DNA까지 복제하게 됩니다. 이러한 과정으로 박테리오파지는 세균을 이용하여 번식했던 것이지요. 그가 찾아낸 효소는 침입한 박테리오파지의 DNA를 많은 조각을 자르는 방법으로 세균 내부에서 박테리오파지의 DNA가 복제되는 것을 막습니다. '제한 효소'라는 이름은 세균을 감염시킬 수 있는 박테리오파지의 종류를 제한한다는 의미로 붙여진 것입니다.

정리하면, 세균의 세포 속에서 제한 효소는 외부에서 들어온 DNA를 절단함으로써 병원체를 없애는 방법으로 세균을 보호합니다. 그리고 현재 사람들은 세균으로부터 제한 효소를 분리하여 실험실에서 DNA를 자르고 조작하는 데 이용하고 있습니다. 첫 발견 후 많은 제한 효소들이 발견되고 있습니다.

가위와 접착제의 발견 이후 과학자들은 이를 이용하여 실제로 유전자를 재조합할 수 있는지 실험하게 되는데요. 1973년, 보이어(Herbert Boyer, 1936~)와 코헨(Stanley Cohen, 1935~)은 아프리카 두꺼비와 대장균을 이용하여 재조합을 시도합니다. 두꺼비의 특정 단백질을 담당하는 DNA를 제한 효소를 이용하여 잘라낸 뒤, 대장균의 **플라스미드**에서도 같은 제한 효소로 끊은 뒤에 잘라낸 두꺼비 DNA 절편을 연결 효소를 이용하여 붙였습니다. 대장균은 재조합된 플라스미드를 자기 것으로 받아들여 두꺼비의 특정 단백질을 생산하게 되었는데요.

엑	스	파	일

세균의 세포 내에 염색체와는 별개로 존재하면서 독자적으로 증식할 수 있는 DNA입니다. 고리 모양을 띠고 있으며 세균의 생존에 필수적인 유전자는 아니에요. 유전공학에서는 세균 내 플라스미드를 세포 밖으로 빼내고 제한효소로 끊은 뒤, 필요로 하는 유전자를 삽입하여 이를 다시 세균에 넣어 배양하는 유전자 재조합 기술을 사용합니다.

이 기술은 실제 인간의 삶에 영향을 주게 됩니다. 대표적인 것이 당뇨병 환자를 위한 인슐린 생산입니다.

인슐린은 췌장에서 분비되는 호르몬으로 혈당을 낮추는 역할을 합니다. 같은 췌장에서 분비되어 혈당을 높이는 글루카곤과 협동하여 체내 혈당을 적정 수준으로 유지해 주죠. 당뇨병은 분비되는 인슐린이 부족해지거나 인슐린이 작용하는 부위가 인슐린에 대해 반응하는 정도가 감소할 때 발생하는데요, 쉽게 말해 혈당이 정상보다 높게 유지되는 질병을 의미합니다. 따라서 일반적인 치료 방법으로는 식이 조절과 더불어서 인슐린을 체내에 투여하여 부족한 인슐린 농도를 높여 줍니다.

유전자 재조합 기술을 사용하기 전에는 돼지 등의 다른 동물들의 췌장에서 직접 얻어 내는 방식으로 인슐린을 생산했는데, 이러한 방식에는 비용이 많이 들고 생산량도 기대만큼 많지 않았다는 단점이 있습니다. 이 문제를 해결하기 위해 췌장에서 인슐린을 담당하는 유전자를 분리하여 대장균 플라스미드에 삽입한 것인데요. 실험은 성공적이었습니다. 물론 그 뒤에 생성된 인슐린은 직접 사용하기에는 적절치 않아서 추가적인 화학적 공정이 필요했지만 드디어 인슐린의 대량 생산이 가능해진 것입니다.

이런 일련의 과정들은 제게 수많은 영감을 주었고, 수없이 좌절했음에도 불구하고 우리 돌연변이를 위한 연구를 지속할 수 있도록 힘을 북돋아 주었습니다. 하지만 동시에 두려움과 걱정도 많아졌습니다. 우리 돌연변이 유전자를 더 강화하거나 우리가 일반 사람처럼 살아갈 수 있도록 도울 길이 열린 것과 동시에 유전자 재조합으로 생긴 결과물이 혹시 원하지 않았던 부작용을 일으킬 수 있을지도 모르니까요. 만일 이런 일이 벌어진다면 유전자에 대한 추가적인 연구가 지지부진해지거나 돌연변이에 대한 사회적인 인식 또한 더더욱 악화될 게 뻔했기 때문입니다.

인간들도 비슷한 생각을 했던 것 같습니다. 무분별한 DNA에 대한 연구 및 재조합이 정당한가에 대한 의문을 공개적으로 드러내기 시작한 것입니다. 그 고민의 결과가 바로 **아실로마 회의(Asiloma Conference)**입니다. 이는 1975년 2월 미국 캘리포니아주 아실로마에서 개최된 국제회의로 여기서 과학자들은 유전자 조작 기술의 위험성과 생물 재해에 관해서 토의했습니다. 이 회의를 통해 과학자들은 유전자 재조합 연구에 대한 안전 수칙과 지침이 정립되었지만 일부 과학자들의 일탈 행동이 반복되었습니다. 유전자 재조합 또는 유전자 편집 기술이란 원하는 DNA 서열을 찾아내어 제한 효소를 이용하여 잘라 낸 후에 원하는 DNA 가닥을 그 사이에 넣어서 붙이는 것입니다. 이 과정을 수행하려면 특정 생명체의 DNA가 어떻게 구성되었는지, 각각의 DNA는 어떤 역할을 하는지 먼저 파악하는 것이 중요했습니다.

1974년 스탠포드 대학의 폴 베르그 (Paul Berg) 등은 안전성이 확보될 때까지 관련 연구를 자숙할 것을 호소하며 DNA 재조합이 가지는 잠재적인 위험성에 대한 논문을 발표합니다. 이 논문을 받아들인 관련 연구자들과 소수의 변호사가 1975년 2월 캘리포니아 아실로마에 모여 유전 공학의 안전성을 확보할 수 있는 가이드라인을 상의했습니다. 이를 기초로 1976년 미국 국립 보건원은 DNA 재조합 실험에 참여하는 연구자가 지켜야 할 가이드라인을 마련했는데 그 내용은 다음과 같습니다.

1. 잠재 위험이 있는 연구를 기획할 때는 밀폐를 우선적으로 고려해야 한다.
2. 밀폐의 효율성은 예상되는 위험에 대응할 수 있어야만 한다.
3. 재조합된 미생물의 확산을 막을 수 있는 생물학적 장벽을 사용해야 한다. 예를 들어 자연 환경에서 살 수 없는 대장균을 숙주로 사용하거나 특정 조건에서만 생존할 수 있는 벡터를 사용한다.
4. 물리적 차단 등의 추가적인 안전장치를 마련해야 한다. 공기 정화 장치나 음압 실험실이 해당한다.
5. 생물체 확산을 제한하는 동물 실험 규범(의약품 승인 신청을 하기 위해 동물을 이용하여 약리 작용을 연구하는 단계에서의 실험 기준)을 엄격히 준수하여 실험해야 한다.
6. 실험에 참가하는 모든 개인은 효과적 밀폐에 대한 교육과 훈련을 필수적으로 받아야 한다.

실제로 가이드라인 마련 후 많은 과학자들은 관련 실험을 멈추었다가 연구를 다시 시작했으며, 관련 문제에 대한 대중들의 관심도 높아졌습니다. 과학계의 자정 능력을 보여주는 훌륭한 사례라고 볼 수 있습니다. 재미있는 사실은 AI(인공 지능)에 대한 우려가 높아지고 있는 현재에도 비슷한 회의가 아실로마에서 이루어졌다는 사실입니다. 2017년 1월 아실로마에서는 생물학적 문제가 아닌 인공 지능 발달에 대한 위험성을 논의하는 아실로마 AI 회의가 개최되었으며 관련 연구 지침이 마련되었습니다.

인간 게놈 프로젝트

1990년, 마침내 인간 게놈의 모든 염기 서열을 해석하는 프로젝트인 **인간 게놈 프로젝트(HGP; human genome project)**가 시작되어 2003년에 이르러 공식적으로 유전자 지도가 완성되었습니다. 그 뒤로 특정 인종 또는 민족에 따른 맞춤 게놈 프로젝트가 지속적으로 이어지고 있는 중인데요. 이를 바탕으로 특정 단백질의 생산, 질병 등과 관련된 유전자들을 찾아내는 연구도 지속되고 있습니다. 현재는 관련 기술의 진보를 통해 개개인의 유전자 지도를 예전보다 훨씬 저렴한 비용으로 짧은 시간 안에 그리게 되었습니다. 이미 밝혀진 일부 질병의 유전자와 비교하여 유전병 등을 알 수 있게 되었고요.

제가 현재 지속적으로 연구하는 부분이 바로 이것입니다. 우리들 각자가 가진 유전자 지도를 분석하고, 우리의 달라진 모습, 힘에 영향을 주는 유전자 서열을 확인하는 것입니다. 그리고 그것과 연관된 질병을 찾아내기도 하고, 필요성 및 기술의 진보에 따라 우리의 힘을 강화하거나 일반인으로 되돌리는 방법을 찾는 것이지요. 아직까지는 아쉽

엑	스	파	일

유전자의 비밀이 담겨 있는 DNA는 네 가지 염기가 나열된 이중 나선 구조로 이루어져 있으며, 인간 세포의 경우 총 30억 쌍의 염기를 가지고 있습니다. 이 염기의 배열에 따라 생성되는 단백질의 종류가 다르기 때문에 어떻게 배열되었는지를 아는 것이 유전 정보를 활용하는 데 매우 중요합니다. '인간 게놈 프로젝트'는 이 염기 배열을 알기 위해 시작된 프로젝트입니다.

게도 진전이 많지 않습니다. 일부는 실험 대상이었던 시절의 트라우마 때문에 샘플을 제공하는 데 거부감을 가지기도 하고, 약물의 시제품 또한 그 효능과 안정성이 확보되어 있지 않아 동료들에게 곧바로 사용하기엔 미심쩍기 때문입니다.

유전자 편집 기술에는 몇 가지 단점들이 있습니다.

첫째. 사람의 경우 32억 개의 염기쌍을 가질 정도로 DNA 수가 많습니다. 따라서 원하는 부분만 인식해서 자른다는 것은 쉬운 일이 아니었습니다. 실제로 유전자 가위들이 원치 않는 부위까지 잘라 내는 바람에 결국 세포를 죽게 만들거나 도입되어야 하는 DNA 서열이 엉뚱한 곳에 붙기도 했습니다. 즉 정교한 조작이 어렵다는 뜻입니다.

둘째. 실제 생물체의 유전자에는 손상이 일어났을 때 이를 복구하거나 수정하는 역할을 하는 유전자가 존재합니다. 대표적인 것인 암세포를 억제하는 것으로 알려진 p53입니다. 이 때문에 제대로 잘랐다 하더라도 원치 않게 복구되거나 예상치 못한 염기 서열의 결실, 삽입, 재배열이 일어날 수 있습니다.

셋째. 유전자 가위는 특정 서열을 인식하는 부분과 실제로 자르는 역할을 하는 제한 효소로 구성됩니다. 이를 만드는 데 생각보다 많이 비용과 시간이 발생합니다.

넷째. 유전자 가위를 생체 내에 투여하면, 투여된 단백질들로 인해서 과한 면역 반응이 발생할 수 있습니다. 이러한 점들을 지속적으로 개선하면서 새로운 유전자 가위들이 등장했는데요. 그중 대표적인 것이 **CRISPR/CA9**으로 기존의 부족했던 시간과 비용과 정확도를 높

CRISPR(Clustered regularly interspaced short palindromic repeat)는 앞에서부터 읽어도 뒤에서부터 읽어도 똑같은 짧은 DNA를 말합니다. 예를 들어 GGATCC의 DNA 가닥이 있다면 A-T, G-C는 서로 상보적이기 때문에 상보적인 다른 가닥은 CCTAGG이게 됩니다. 즉 반대로 읽으면 서로 같은 서열을 가지게 됩니다(이효리 씨 이름처럼요). Cas9(CRISPR associated protein 9)는 CRISPR RNA가 인식한 DNA 부위를 절단하는 DNA 제한 효소 단백질입니다. CRISPR/CA9는 세균을 연구하던 도중 발견되었는데 우연히도 CRISPR 사이에 있던 쓸모없는 것으로 여겨진 DNA(spacer라고도 부릅니다)가 세균에 침입하는 바이러스의 DNA 일부 서열과 같다는 것이 확인되었습니다. 바이러스는 세균 내에 침입하여 세균의 DNA 복제 능력과 자원을 이용하여 자신의 DNA를 복제하는 방식으로 자신들의 수를 늘리는데요. CRISPR/CA9는 이를 막기 위한 세균의 방어 기작입니다.

처음에 바이러스가 침투하게 되면 세균은 그 일부 DNA를 기억하기 위해 CRISPR 사이에 숨겨두게 됩니다. 그리고 이 CRIPR는 바이러스 DNA와 함께 RNA 형태로 전사되어 CA9 단백질과 붙어서 세균 내를 다니다가 다시 해당 바이러스가 재침투하면 침입한 바이러스의 특정 서열을 인식하여 CA9으로 자르게 됩니다. 이를 이용한 유전자 가위가 CRISPR/CA9입니다. CRISPR 뒤의 바이러스 DNA에 해당하는 부위를 우리가 원하는 DNA 서열을 넣어준다면 해당 부위를 인식하여 자르는 원리입니다. 기존의 유전자 가위에 비해서 인식하는 DNA 서열이 길어서 오작동을 일으킬 가능성이 줄어든다는 장점 및 단백질 수정을 가해야 하는 기존의 방식과 달리 유전자 가위의 설계와 제작이 쉽다는 장점이 있습니다. 다만, 정확도의 문제 및 타깃 부위로의 전달 방법 등이 완전히 해소된 것은 아니기에 지속적인 연구가 필요합니다.

이게 될 것으로 기대하고 있습니다.

유전학의 오용을 경계하라

질병과 관련된 유전자 치료에 현재 더 적극적으로 이용되는 방법은 바이러스를 이용하는 방법입니다. 레트로 바이러스와 같은 숙주의 DNA에 삽입되는 형태로 작용하는 바이러스를 이용하여 원하는 DNA를 체내로 전달하는 방식입니다. 즉, 바이러스 자체의 독성과 관련된 부분을 제거한 뒤 원하는 DNA를 삽입하여 체내에 주입하는 것이지요. 특히 단일 유전자의 문제로 인해 발생하는 것으로 알려진 유전병에 효과를 볼 것으로 기대하고 있습니다.

연구하는 바이러스는 **레트로 바이러스, 아데노 바이러스**, 아데노 연관 바이러스, 단순 허피스 바이러스 등이 있는데요. 대표적인 치료 시도로 중증 복합성 면역 결핍성 유전 질환을 예로 들 수 있습니다. 레트로 바이러스에 정상 유전자를 삽입한 후 환자에게서 추출한 혈액 줄기 세포에 도입하여 그 결과물을 환자에게 주사하는 방법으로 치료를 시도했고 결과도 성공적이었습니다.

다른 예로 혈우병 및 겸상 적혈구성 빈혈증, 지중해 빈혈증, 파킨슨 병 등에도 시도하고 있는데요, 일부 호전 양상이 보고되기도 합니다. 얼마 전에는 눈이 보이지 않는 생쥐에게 초록빛 수용체를 만드는 DNA를 바이러스를 통해서 주입해서 시력을 되찾은 경우가 보고되기

- 일반적으로 센트럴 도그마에 따라 전사는 DNA에서 RNA로 이루어지는데, 반대로 RNA를 가지고 DNA를 합성하는 것을 역전사라고 합니다. 레트로 바이러스는 역전사 효소를 가지고 있는 RNA 바이러스로, 자기 RNA를 틀로 삼아 DNA를 만들어서 숙주 세포에 삽입하여 번식합니다. 에이즈를 일으키는 HIV가 대표적인 레트로 바이러스입니다.

- 주로 호흡기 질환을 일으키는 DNA 바이러스입니다. 다른 바이러스에 비해 배양과 유전자 조작이 쉬워 연구에 많이 이용하지요.

도 했습니다. 다만 여기에도 단점이 있습니다. 삽입된 바이러스가 원치 않게 독성 반응을 일으킬 수 있고, 염증 반응 및 암 발생과도 관련이 있을 수 있다는 논문이 나왔거든요. 또한 정상 유전자의 손상이 발생하거나 외부에서 유래한 인자에 대한 환자의 면역계가 과하게 반응을 보이는 등 면역 반응으로 인해 문제가 생기는 경우도 보고되었고, 더불어 체세포에 작용하는 유전자 치료 약물의 경우 지속적이고 반복적으로 주사를 해야 한다는 단점도 발견되었습니다. 따라서 제가 목표로 하는 바를 이루려면 이 같은 문제점에 대한 지속적인 보완 및 유전자 편집, 치료에 대한 기초적인 연구가 충분히 선행되어야 할 것입니다.

또 다른 우려는 이와 같은 연구 및 치료 시도 과정에서 충분한 기초적인 논의와 연구 없이 유전자 조작이 진행될 수 있다는 점입니다. 실제로 유전학을 오용하여 우생학에 이용했던 슬픈 역사가 현대 혹은 근 미래에 반복될지도 모릅니다. 일부 사람들은 자기 자식이 뛰어나기를 바라는 마음에서 유전병을 치료하는 목적이 아닌 능력을 키우는—더 똑똑해지고 신체적으로 더 튼튼한— 방식으로 유전자 치료를 시도할 수도 있겠지요. 또 일부 운동선수들이 경쟁력을 높이기 위해 금지 약물을 사용하는 것처럼 운동 능력을 상승하기 위해 유전자 약물을 복용할 수도 있을 것입니다.

유전자 연구의 윤리 문제와 관련된 이 같은 우려를 심화시킨 사건이 2018년 11월 발생했습니다. 중국의 한 연구팀이 CRISPR/CA9을 이용하여 인간 배아를 조작함으로써 HIV(에이즈) 내성을 가진 쌍둥이를 출산하는 데 성공한 거예요. 기존의 과학자들 간에는 배아 세포의 경우 한 번 유전자 조작이 가해지면 유전자 교란 등의 예상치 못한 일이 발생할 수 있는 가능성을 가늠하기 어렵고, 한 번 도입된 유전자는 제거하기가 어려우며, 지속적으로 종 전체에 영향을 줄 수 있으므로 충분한 연구와 확신이 있기 전까지는 배아 세포를 가지고 연구를 진행하지 않기로 동의했는데, 강제성이 없던 이 동의가 무참히 깨진 것입니다. 이후로 다른 나라도 경쟁에 뒤처지면 안 된다는 초조함에 서둘러 배아 세포 연구를 허락하기 시작했습니다. 다른 나라들의 지탄을 받은 중국 정부는 관련 연구자들을 처벌하는 등 겉으로는 강하게 분노했지만, 역시나 연구에 뒤쳐질 수 없었기에 내부적으로는 추가적인 연구에 침묵했습니다. 그 결과 중국의 경우 인간은 아니지만 배아 세포의 유전자 편집을 한 원숭이를 복제하는 데 성공합니다. 마침내 판도라의 상자가 열린 것입니다.

지금까지 유전학, 유전 분자학, 유전자 치료에 대해 간략히 설명했는데요. 저의 꿈은 이 같은 지식을 바탕으로 더 이상 돌연변이가 슬프지 않게 힘들지 않게 도와주는 것입니다. 제 개인적으로도 마찬가지예요. 아직까지 버리지 못한 미련, 즉 단 1분이라도 보통 사람처럼 살고 싶다는 바람을 버리지 못했기 때문입니다. 다만 저는 동시에 우리들이 불필요한 경계와 두려움에 휩쓸려 쓰러지지 않도록, 추악한 욕심 때문에 우리가 모르모트로 전락하지 않도록 동료들의 힘을 강화하기 위해서 노력할 것입니다.

돌연변이여 영원하라

희망 업무

저의 어린 시절은 정체성에 대한 혼란과 자신에 대한 부정으로 뒤덮여 있었습니다. 솔직히 고백하건데 아직까지도 그때의 상처에서 충분히 벗어나지 못했습니다. 저는 어린 돌연변이들이 저와 같은 아픔을 겪지 않았으면 좋겠습니다. 그들이 자신을 위해 충분히 알았으면 합니다. 미래를 위해 선택할 수 있는 기회를 얻었으면 합니다. 그리고 다른 이들의 편견과 차별에 의해 상처받지 않았으면 합니다. 따라서 저는 회사에서 일할 때 어린 돌연변이들을 위한 교육 분야를 맡고 싶습니다. 동시에 미래를 준비하기 위한 연구도 지속하고 싶습니다.

장래 포부

저의 모습은 분명 유인원과 비슷합니다. 게다가 저의 물리적인 힘 역시 실제 고릴라처럼 셉니다. 일반 사람과는 비교할 수 없이 강한 편이지요. 다만, 제가 미래에 하고자 하는 일은 고릴라가 가지고 있는 힘이 아닌 제 속에 숨어 있는 또 다른 유인원인 **보노보**와 관련되어 있다고 생각하시면 됩니다.

현재 우리는 위기에 처해 있습니다. 돌연변이와 일반 인간 사이의 뿌리 깊은 편견과 불신, 그리고 돌연변이 간의 이념과 방법론의 차이, 서로 간의 배신감에 의한 반목 등등이 만연하지요.

동물 행동 학자 프란스 드 발(Frans de Waal, 1948~)은 "사회에서 서

엑　　　스　　　파　　　일

침팬지 속은 침팬지와 보노보. 두 가지 종으로 구분합니다. 보노보는 과거에는 크기가 작은 침팬지로 생각해 피그미 침팬지로 부르기도 했지만 현재는 다른 종으로 분류합니다. 침팬지에 비해 더 온순하며 사회적 갈등을 평화적인 방법으로 해결한다고 알려져 있어요.

동물 행동학자 프란츠 드 발은 문명사회에서 보이는 폭력성/공격성/이기심과 사랑/평화/화해라는 사람의 양면성을 사람에게 가장 가까운 유인원을 통해 설명하려고 했는데요. 갈등을 보통 싸움으로 해결하는 침팬지와 달리 보노보는 뽀뽀, 털 고르기, 성적인 행동 등의 평화로운 방법으로 사회적 긴장을 낮추려는 경향이 있었습니다. 즉, 사람의 공격성은 침팬지와 닮았고, 평화적인 모습은 보노보와 닮았다고 본 것이지요. 유인원 사촌이 가진 이 두 가지 특징을 사람은 모두 가지고 있다고 생각했습니다.

⬆ 보노보 원숭이.

로 믿고 살려면 꼭 필요한 자기 조절 능력이 이미 우리에게 내재되어
있지 않는가?"라고 질문을 던집니다. 그리고 그와 같은 착한 본성에
대한 비유로 우리와 가장 가까운 DNA를 가지고 있는 유인원 보노
보가 인간의 폭력성 맞은편에 있다고 생각합니다. 보노보는 사회적인
갈등을 풀어 낼 때 폭력보다 스킨십과 유머와 협력과 친절함을 사용
하는 평화로운 동물이지요.

　저 또한 마찬가지입니다. 우리 돌연변이의 내면에 보노보가 숨어
있다고 믿습니다. 특히 유인원과 더 가까운 모습을 하고 있는 제게는
보노보의 모습이 더 많이 남아 있다고 생각합니다. 제가 가진 유머와
다른 이에 대한 협력성은 불신에 가득 찬 인간과의 관계를 개선시키고,
서로 반목하는 돌연변이들을 화해시킬 수 있을 것이라고 생각합니다.

SEQUENCE 6

천연 레이저 공격의 선구자
사이클롭스

엑스맨의 진정한 리더

나는 휴먼 뮤턴트의 전설입니다

나의 본명은 스콧 서머스(Scott Summers)입니다. 하지만 주변에서는 대개 사이클롭스(Cyclops)라 불러요. 내 이름을 한번 읽어 보시겠어요? 어떻게 발음하는가에 따라 당신의 출생지를 대략 가늠해 볼 수 있습니다. 영어권 국가 출신들은 '사이클롭스'라 읽고, 그리스 토박이들은 '키클롭스'라 발음하지요. 사실 이는 고대 그리스어 'Κύκλωψ'이 알파벳을 만나 그 형태가 변형된 케이스입니다. 'Κύκλ'는 동그란 원을 의미하고, 'ωψ'는 눈을 뜻한다고 하는데요. 영어로 바꾸면 'cycle'과 'ops'입니다. 그러니까 'cyclops'란 동그란 눈을 가진 외눈박이 거인을 지칭합니다.

　내 이력서를 받아 든 채용 담당자가 고대 문학작품 깨나 읽어 본

🔺 오딜롱 르동의 키클롭스.

사람이라면 나의 이름이 그리스 로마 신화에 등장하는 외눈박이 거
인부족의 명칭이라는 사실을 이미 눈치챘을 것입니다. 풍문에 의하면
대지의 신 가이아와 하늘의 신 우라노스 사이에서 태어난 외눈박이
삼형제가 키클롭스 부족의 시초였다고 하는데, 사람을 먹고 양을 기
르며 대장일에 능했다죠. 그들 가운데 폴리페모스가 오디세우스에게
눈을 찔려 맹인(盲人)이 된 이야기가 유명한데요. 그들은 뛰어난 대장
장이로 광석을 용광로에 넣고 녹여서 금속을 분리하고 추출하여 정
제하는 이른바 '금속 제련'에 능했습니다. 그리스 시인 헤시오도스는

자신의 저서 『신들의 계보』에서 그들이 제우스의 번개 공격이 가능하도록 도왔을 뿐 아니라, 포세이돈에게는 삼지창을, 아폴론에게는 활을, 그리고 아테네에게는 갑옷을 만들어 주었다고 전했습니다. 토르에게 스톰 브레이커라는 새 망치를 쥐어 준 대장장이 에이트리가 떠오르는 순간입니다.

이 내용을 보면, 그리스 로마 신화는 키클롭스의 손에서부터 만들어졌다고 해도 과언이 아닌 것 같습니다. 내가 이끌던 돌연변이 모임 '엑스맨'도 마찬가지입니다. 찰스 교수님이 멤버를 구성하긴 했지만, 진짜 리더는 나였죠. 그리스 로마 신화에 키클롭스가 있다면 엑스맨에는 사이클롭스가 있습니다. 그리고 우리 둘 모두 'cyclops'라는 공통분모를 가지고 있습니다.

잠깐 가족 이야기를 할게요. 내가 줄곧 사랑해온 여자는 단 하나 진 그레이뿐입니다. 지금은 비록 나를 떠났지만, 내 마음속에는 여전히 남아 있습니다. 나는 그녀가 내 곁을 맴돌면서 우주를 떠도는 피닉스가 되어 버렸다고 믿습니다. 진을 잊지 못했던 나는 그녀와 꼭 닮은 매들린 프라이어를 배우자로 삼았는데, 그녀 역시 돌연변이였습니다. 진을 향한 내 순애보를 견디지 못한 탓에 흑화한 불쌍한 여인이

엑	스	파	일

'신통기'라고도 부릅니다. 세계의 창조, 올림포스 신의 계보, 신들의 탄생과 그들의 지배권, 신들의 자손 계보 등의 이야기를 다룹니다. 모두 1,200행으로 되어 있는데, 특히 프로메테우스와 판도라 이야기에 대한 가장 오래된 문헌으로 꼽힙니다.

었지만, 사실 나와 그녀 사이에는 아이가 하나 있었습니다. 아이의 이름은 네이든 크리스토퍼 찰스 서머스입니다. 어릴 적 나를 괴롭히던 녀석의 이름과 똑같죠. 나를 증오한 매들린이 지어 준 이름이었으니 그럴 수밖에 없습니다.

〈데드풀2〉에서 최강 빌런으로 활약하다가 막판에 돌아서 버린 케이블을 기억하세요? 그가 바로 유일한 내 혈육인 네이든입니다. 내가 기억하는 네이든은 어린아이의 모습이지만 〈데드풀2〉에서는 꽃중년의 외모를 지니고 있더군요. 온몸이 기계로 변하는 병에 걸린 그를 의료 기술이 발전한 미래로 보낸 건 내 탓이지만, 그곳에서 당당히 히어로로 자리매김한 뒤 현실 세계로 돌아온 것은 내 아들의 힘이었습니다. 데드풀과 어깨를 나란히 하는 히어로가 되어 나타난 나의 아들……. 아들이 언젠가 나를 찾아오면 참 좋겠습니다.

알래스카 앵커리지 출신인 나는 어린 시절 공군 소령이었던 아버지 밑에서 자랐습니다. 가족 여행 도중 외계 우주선의 공격을 받아 우리 가족은 뿔뿔이 흩어졌는데, 그 당시 입은 뇌손상으로 나는 1년 동안이나 혼수상태에 빠져 있었습니다. 이후 고아원 신세를 지게 된 나에게 사춘기 무렵 원인 모를 두통과 안구 통증이 찾아왔어요. 눈이 막 번쩍이기도 했습니다. 덕분에 나는 보통 아이들이 다니는 일반 학교엔 다닐 수 없었고, 차츰 사회와 멀어졌습니다.

그런 나에게 따스한 손길을 내밀어 준 사람이 바로 찰스 자비에 교수님이었습니다. 그의 우산 속으로 걸어 들어간 나는 자비에 영재 학교의 학생이자 찰스 교수님의 믿음직스러운 피후견인으로 자랐지요.

스마트한 후배를 양성하고 싶다

이력서를 써 보겠다고 결심한 뒤 나는 곰곰이 생각해 보았습니다. 이미 상급의 돌연변이로서 이름을 떨치고 있었고, 단 한 번도 리더의 자리에서 내려온 적이 없는 내가 아니었던가 말입니다. 찰스 교수님이 안 계실 땐 아이들을 직접 가르치고 지휘하는 게 나의 일이었습니다. 말 안 듣기로 유명한 울버린마저 내 명령에는 꼼짝 못 했으니 긴 말이 필요 없겠지요? 적어도 내가 보기엔 그렇습니다. 물론 여기엔 루비 안경을 투과해 들어온 이미지들이 왜곡되지 않았다는 전제가 붙지만 말입니다.

신입의 자세와 마음가짐으로 이력서를 쓰고 있는 내 자신이 문득 한심해 보이긴 합니다. 돌연변이들을 일사분란하게 이끌던 이 사이클롭스가 채용 담당자에게 잘 보이려고 굽실대며 이력서를 쓰다니요. 자존심 상하는 일이 분명합니다. 나에게는 이 행성의 절반을 날려 버릴 만한 힘, '옵틱 블라스트'도 있는데 말이지요.

하지만 지금은 불행하게도 '리즈 시절'이 아닙니다. 나를 포함한 1세대 돌연변이들은 어느새 뒷방 늙은이 신세가 되어 버렸고, 나보다 강력한 혹은 나보다 리더십 있는 친구들이 연일 앞 다투어 등장하고 있는 상황이니까요. 나는 주제 파악을 못 하는 인물로 기억되고 싶지 않습니다. 그래서 돌연변이들 앞에 서서 지휘봉을 휘두르던 모습 따위는 잊기로 했습니다. 대신 후학들을 양성하기로 결심했죠. 이 회사가 내 미래의 꿈을 실현시켜 줄 것이라 확신합니다.

행동하지 않는 지식은 무용지물

『톰 소여의 모험』을 쓴 유명한 소설가, 마크 트웨인의 말을 인용하겠습니다.

"교육이란 알지 못하는 바를 알도록 가르치는 것이 아니라, 사람들이 행동하지 않을 때 행동하도록 가르치는 것을 의미한다."

요즘 내 머릿속을 강타한 생각과 정확히 맞아 떨어지는 말입니다. 나는 엑스맨 1세대로서의 내 경험을 바탕으로 많은 이들을 올바른 방향으로 인도하고 싶습니다. 그리고 돌연변이와 인간들이 공존하는 평화로운 삶을 지향합니다.

눈싸움 종결자

살아 있는 빛 옵틱 블라스트

나는 눈에서 강력한 에너지 광선을 방출시킬 수 있습니다. 엄밀히 말하면 '방출시킨다'는 표현보다 '방출된다'라는 표현이 더 옳습니다. 애석하게도 에너지 광선을 내 의지대로 컨트롤할 수 없기 때문입니다. 이 능력은 어릴 적 뇌손상으로 인해 생긴 것인데요. 의지와 상관없이 눈을 뜨고 있는 동안, 정확히 표현하자면 15분 동안, 에너지가 마구 뿜어져 나오는 것입니다. 하지만 안구 건조가 찾아오기 직전에 눈을 감아 버리니, 15분이라는 시간도 그다지 의미 있는 수치는 아니지요.

스펙상으로 내 광선의 영향력이 미칠 수 있는 거리는 600미터이며 직선뿐 아니라 곡선으로의 방출도 가능합니다. 빛을 이용하다 보니 빔이 날아가는 속도가 빛의 속도와 동일한데요. 더 나아가 적을 추적하는 능력도 갖추고 있습니다. 한마디로 나의 옵틱 블라스트는 살아 있는 빛이자 온전히 **충격에너지**로의 변환이 가능한 이상적인 살상 무기인 셈입니다.

일반적인 과학 상식을 가진 이들이라면 에너지 변환 과정에서 상당량의 쓸모없는 열이 방출된다는 사실을 잘 알고 있을 겁니다. 그렇기 때문에 영구기관이란 것도 이론적으로 존재할 수 없는 환상의 물건으로 인식되잖아요? 하지만 나의 옵틱 블라스트는 물리학계의 상식을 깨고 에너지 변환 효율 100퍼센트를 달성했습니다. 빛에너지 전부를 충격에너지로 변환시키는 데 성공했다는 뜻입니다. 말이 되지 않는다고요? 잊지 마세요. 나는 마블이 탄생시킨 가상의 캐릭터입니다. 어느 정도의 가정을 동반한 상상력은 오히려 사람들을 불러 모으기 마련이죠. 많은 이들이 나를 옆 동네의 슈퍼맨이라는 작자와 비교한다고 들었습니다. 그 역시 눈에서 광선이 뿜어져 나온다는 이유 때문입니다. 하지만 어느 정도 눈썰미가 있는 사람이라면 그와 나의 차이점을 단번에 알아차릴 것입니다. 그도 분명 빛에너지를 충격에너지로 변환시키기는 하지만, 그의 빛은 안타깝게도 에너지 변환 효율이 현저히 떨어집니다. 대부분의 빛에너지가 '쓸모없는' 열에너지로 변해 빠져 나간다는 뜻입니다.

엑	스	파	일

물질을 파괴하는 데 필요한 에너지로 '충격량'과 같은 말입니다. 크기와 방향을 가지며, 물체가 받은 충격량은 물체의 운동량의 변화량과 같습니다.

그는 자신의 열에너지를 적극 활용해서 상대방을 공격하지만 이는 어쩌다가 얻어걸린 공격법일 뿐이에요. 열로 변환된 에너지를 버리자니 아깝고, 아쉬운 대로 공격용으로 사용해 보자는 일종의 꼼수에 불과합니다. 따라서 공언하건대 사이클롭스는 에너지 변환 효율 100 퍼센트를 이루어 낸 유일무이한 히어로임을 밝힙니다.

광선 무기의 시초

아르키메데스의 광선 무기에 대해 들어 본 적이 있습니까? 그는 우리가 일반적으로 아는 것처럼 욕조에 몸을 담그고 앉았다가 벌거벗은 채로 뛰어나와 동네방네 "유레카"를 외치고 다니기만 했던 사람이 아닙니다. 그는 기하학에 능통한 수학자이자 기술자였습니다.

기원전 218년에 발발한 제2차 포에니 전쟁에서 아르키메데스는 자신의 고향인 시라쿠사를 로마의 공격으로부터 보호하고자 광선 무기를 선보였습니다. 아마도 이것이 내 공격 무기의 기원이 아닐까 생각합니다. 아르키메데스는 여러 개의 청동 거울을 해안가에 배치함으로써 동시에 햇빛을 모아 로마의 함선에 쏘았는데요. 이 무용담은 얼마나 인상적이었는지 자그마치 2000년이 지난 우리에게까지 전해지고 있습니다. 그런데 사실 이 이야기는 과장되거나 왜곡된 기록에 지나지 않아요. 그를 추종하던 후대의 누군가가 아르키메데스의 명성을 높여 주기 위해 꾸민 일종의 조작극일 가능성이 높다는 뜻입니다. 당

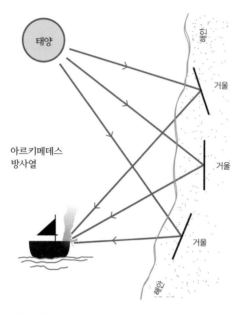

태양

거울

거울

거울

해안

해안

아르키메데스
방사열

🔺 아르키메데스 거울의 원리. 여러 거울에 반사된 햇볕을 적선에 집중하여 불을 붙인다.

시 전투 상황을 재현한 여러 테스트가 나의 의심을 뒷받침해 줍니다.

몇 해 전의 일입니다. 전 미국 대통령 버락 오바마는 디스커버리 채널에서 방영 중인 〈호기심 해결사(Mythbuster)〉에 다음 내용을 확인 해 달라고 의뢰했습니다.

"아르키메데스의 광선 무기가 진정 현실성이 있는 것이오?"

그들의 답변은 명쾌했습니다. "No"였지요. 사실 아르키메데스가 벌였다고 전해지는 이 믿지 못할 사건은 그의 사후, 그것도 400년이 나 더 지난 뒤의 기록에서 비로소 처음 등장합니다. 즉, 400년 뒤 후 대의 누군가가 당시의 기록이랍시고 온갖 상상의 나래를 펼쳐 사실처럼 묘사했을 가능성이 있다는 뜻입니다. 〈호기심 해결사〉의 담당자들 역시 지금의 우리와 마찬가지로 커다란 의구심을 품은 채 실험을 진행했지요. 결론부터 이야기하면, 그들은 전설 속에 등장하는 아르키메데스의 업적을 실제로 구현할 수 있다고 대통령에게 보고했습니다. 단, 극히 까다롭고 제한적인 조건들이 만족됐을 때만 가능하다고 했습니다.

그들은 첫 번째 조건으로서 "엄청난 양의 빛이 공급되어야 한다"고 밝혔습니다. 햇빛이 가장 강렬한 시간대인 한낮조차 대업을 이뤄낼 만한 양이 아니라는 점을 꼬집었습니다. 혹여 태양이 주먹을 불끈 쥐어 다량의 빛을 쏟아 낸다 하더라도 그 빛의 양이 지속되는 시간이 얼마 되지 않기 때문입니다. 두 번째 조건은 "청동 거울을 들고 있는 이들이 한마음 한뜻으로 같은 지점을 동시에 공략해야 가능하다"는 점입니다. 가만히 멈춰 서 있는 배를 조준하는 것도 어려운데 하물며 사력을 대해 진격하고 있는 목선에 거울로 초점을 맞추는 게 과연 쉬운 일이었을까요? 세 번째 조건은 "배를 성공적으로 불태우려면 열의 흡수 능력이 뛰어난 검은색이어야 한다"는 것입니다. 그런데 과연 로마인들이 자기들 함선을 검은색으로 칠하고 다녔을까요?

가장 결정적인 문제점은 청동 거울의 재질에 있었습니다. 아무리 표면을 매끈하게 만든다고 해도 재료의 특성상 청동은 빛의 반사 능력이 크게 떨어집니다. 우리가 매일 보는 유리 거울을 생각하면 절대 안 됩니다. 우리가 사용하는 현대의 거울은 빛을 최대한으로 반사시키기 위해 뒷면에 알루미늄 반사막을 코팅한 것입니다. 알루미늄은 한마디로 전 범위의 반사가 가능한 물질입니다. 빛 반사 잘 시키기로 유명한 은도 알루미늄에게 밀리는 판이지요. 반면, 청동의 주재료인 구리는 어떨까요? 우선 구리의 붉은 빛깔부터 문제입니다. 효율성에 대한 첫 번째 답이 될 수 있어요.

일반적으로 금속은 표면을 두둥실 떠다니는 자유전자들 덕분에 전기가 통할 뿐만 아니라 대부분의 빛을 다시 튕겨 내어 반짝반짝 빛이 납니다. 이 말은 곧 자유전자를 갖고 있는 금속이라는 존재는 빛을 반사시킬 수밖에 없다는 뜻입니다. 그런데 이렇듯 반짝거리는 금속 무리 중에 간혹 자신의 개성을 표출하는 녀석들이 있습니다. 그들은 남들이 보여 주는 평범하고 일관된 회색 빛깔과 달리 형형색색인데요. 바로 금과 구리가 그 주인공입니다. 게다가 그들은 성격마저 특이했어요. 전자를 가지되 남들과는 다른 곳에 놓아두기를 좋아했고, 그곳에 놓인 전자들의 위치를 바꿈으로써 특정 에너지를 흡수하고 또 방출시켰습니다. 이 에너지는 특정한 빛깔을 띠는 가시광선의 모습으로 우리에게 전해졌는데, 노란 빛깔의 금과 붉은 빛깔의 구리는 독특한 개성을 가진 존재이자 금속계의 이단아였습니다. 나와 같은 돌연변이들이라 할까요? 과학자들은 그들만의 이러한 특성을 '상대론적 효과(relativistic effect)'라 불렀습니다.

빛과 파장 영역

채용 담당자들의 이해를 돕고자 쉬운 예를 하나 찾아보았습니다. 여러분에게 익숙한 면접장에서의 모습입니다. 면접장에 온 지원자들의 이력은 매우 다양할 겁니다. 학점도 마찬가지겠죠? 인사 담당자들이 나름대로 거르고 거른 점수는 3.0이 커트라인입니다. 3.0에서 4.5(일부 학교는 4.3)까지죠. 인사팀은 서류 전형을 통과한 이들의 학점 평균을 계산했습니다. 3.0과 4.5의 중간 값으로 어림잡아 계산해 보니 3.7~3.8입니다. 모든 지원자들은 인풋(input)으로서 4.5에 부합되는 수업을 듣고 평균 3.7~3.8이라는 아웃풋(output)의 결과 값을 얻었습니다.

가슴 졸이는 시간이 지난 뒤 마침내 최종 합격자가 결정되고, 회사에선 이들을 모아 놓고 신입사원 환영회를 열었습니다. 인사팀 사람들은 좀 심심했던 모양입니다. 최종 합격자들이 신나게 노는 동안 이들의 학점 평균을 계산해 보았는데요. 평균이 4.0~4.1으로 급상승했습니다. 왜 이렇게 평균값이 올라갔냐고요? 그야 뭐 학점 낮은 이들이 전부 집으로 돌아갔기 때문입니다.

입사 지원자들의 상황을 빛의 파장과 비교해 봅시다. 서류전형에 통과한 빛들은 여러 파장(학점)의 빛이 공존하는 이른바 백색광(white light)입니다. 그런데 채용 과정에서 상대적으로 낮은 파장(학점)의 빛이 불합격 판정(전자에 의해 흡수됨)을 받았습니다. 최종 합격한 빛들은 상대적으로 높은 파장(학점)을 가진 지원자뿐이었습니다. 그들의 파장으로 평균을 내어 보니 이전보다 급상승했어요. '금' 회사와 '구리' 회사는 커트라인을 어디에 두었는가 하는 점에서만 차이가 날 뿐, 두 회사 다 최종 합격자들(상대적으로 높은 파장의 빛)을 자신의 회사 대표 선수로 삼은 셈입니다.

구리는 파랑~초록색을 나타내는 파장의 빛을 흡수하고 나머지 영역의 빛깔만 남겨 놓았습니다. 우리의 둔감한 시각은 이들 중에서 **가시광선**을 잡아내 그 소식만 뇌에 전달했고, 전후 사정을 모르는 우리의 뇌는 '구리는 붉은 빛깔의 금속이다'라고 인지할 수밖에 없었던 거죠. 둔한 눈과 불쌍한 뇌가 합심하여 내린 결론이라고 할까요? 푸르스름한 빛깔이 도는 청동이라고 해서 별로 다르지 않습니다. 세부적인 합격 커트라인만 옮겨졌을 뿐이에요. 특정한 **파장 영역**의 빛을 흡수시킨 덕분에 남은 빛들의 반사광만 볼 수 있는 것은 마찬가지죠.

반면 '알루미늄' 회사는 입사 지원자들에게 가장 이상적인 곳입니다. 합격 커트라인을 두지 않았기 때문이에요. 따라서 이 회사의 서류전형을 통과한 이들의 학점 평균이나 최종 합격한 이들의 평균은 거의 동일합니다. 들어오는 빛들은 그 파장이 어떻든 죄다 반사시켰거든요. 다시 말해 학점이 낮다고 집에 돌려보내는 일은 채용 프로세스상에 아예 존재하지 않았다는 뜻입니다. 이 이야기는 곧 반사되는 빛의 양이 알루미늄의 경우 청동보다 현저하게 높다는 것을 의미합니

엑　　　스　　　파　　　일

사람의 눈으로 볼 수 있는 빛을 말합니다. 보통 가시광선의 파장 범위는 380~800나노미터(nm)입니다. 등적색, 등색, 황색, 녹색, 청색, 남색, 자색의 일곱 가지가 있는데요. 다른 동물들도 눈으로 빛을 보지만 사람의 가시광선 영역과는 다른 파장을 받아들입니다. 벌과 같은 곤충은 꿀을 가지고 있는 꽃을 찾는 데 유용한 자외선을 볼 수 있다고 합니다. 파장 영역은 전파 따위의 파동이 미치는 범위를 말합니다.

다. 알루미늄과 구리의 빛 반사 능력은 그 자체로 비교 불가요, 알루미늄의 압승이죠.

2200여 년 전의 아르키메데스가 나와 같은 광선 무기를 실제로 개발하여 사용했는지는 여전히 미지수입니다. 설계만 해둔 건지, 테스트 도중 문제점들이 발견되어 폐기되었는지 알 길이 없습니다. 그러나 사실 여부를 떠나 그는 분명 기하학의 대가였고, 자신의 머릿속에 있는 지식이 주변에 전해지길 바랐을 것입니다. 교육을 통해서 말이에요. 그러한 관점에서 보자면 그는 나와 신념이 같은 인물이었습니다.

옵틱 블라스트의 위력은 레이저 무기에 버금간다

나는 엑스맨 주식회사의 완벽히 투명한 채용 프로세스를 신뢰하며 이와 더불어 채용 담당자들이 뛰어난 인재를 알아보는 돌연변이의 눈을 갖고 있다고 확신합니다. 그렇기에 나 사이클롭스가 서류전형에서 떨어지리라곤 생각하지 않습니다. 나는 당연히 이후 면접 프로세스에 참여하게 될 것이고 결국엔 합격 통보 문자를 받게 되겠죠. 언제부터인지 모르지만 나는 이러한 자신감 덕분에 주머니에 항상 빨간 레이저 포인터 하나쯤을 넣어 두는 게 일상이 되었습니다.

빨간 레이저가 방출된다는 결과물만을 봤을 때 나의 옵틱 블라스트와 레이저 포인터의 빛은 큰 차이가 없는지도 모릅니다. 내가 광학무기를 사용하는 당사자가 아니었다면 나 역시 그렇게 생각했을 테죠. 원리 따위엔 관심을 두지 않은 채 내 눈 속에 LED 전구들이 무수히 많이 박혀 있는 거라고 믿었을 것입니다. 레이저 포인터의 에너지원이 수은 건전지이듯 옵틱 블라스트의 에너지원 역시 수은이겠거니 오해하지 않은 것만으로도 다행이긴 하지만요. 하하하.

나는 그 어디에서도 내 눈의 비밀에 대해 말한 적이 없었습니다. 어떻게 빛에너지를 만들어내는지, 그 에너지에 어느 정도의 위력이 있는지 말입니다. 건물을 부술 수 있고, 행성의 절반을 날릴 수 있다는 평가는 지금까지 나의 모습을 지켜봐 온 자들의 경험론적인 표현일 뿐입니다. 누가 묻지도 않았는데 굳이 말해 줄 필요도 없고요. 따지고 보면 나 역시 내 몸에 대해 잘 몰랐습니다. 솔직히 말할 자신이 없었고 내 무지가 탄로 나는 것도 원하지 않았죠.

그러던 어느 날, 나는 지상 최대의 병력을 자랑하는 미군의 신무기 소식을 들었습니다. 미 육군이 2022년 말까지 50킬로와트(kW)급의 레이저 무기를 배치할 예정이라는 소식이었죠. RCCTO(미 육군의 급속전력 및 중요기술 사무국)의 책임자는 레이저 무기를 스트라이커 장갑차에 탑재하여 이동성을 높일 것이라고 말했습니다. 또한 레이저 장갑차를 총 네 대 준비하고 있다고도 밝혔죠. 더욱이 미군은 50킬로와트의 규모를 넘어선 100킬로와트급 레이저 무기 또한 개발 중이라고 했는데요. 향후 250킬로와트급과 300킬로와트급의 배치가 목표인 그들에게 50킬로와트급과 100킬로와트급이 과연 성에 찰까요?

미 육군은 이미 2017년 5킬로와트급 이동식 고에너지 전술 레이저(MTHEL)를 선보이면서 세상을 한 차례 깜짝 놀라게 했던 전적이 있습니다. 현재의 50킬로와트급 레이저 무기에 대한 배치 계획은 그들의 레이저 연구가 아직도 무탈하게 진행 중이라는 사실을 방증할 겁니다. 당시 그들은 5킬로와트급의 레이저 무기만으로 소형 무인기 64대를 격추시키는 성과를 보였지요. 미 육군뿐만이 아닙니다. 덩치가 큰 화물은 배로 운송하는 것이 가장 쉬운 법! 미 해군 역시 '레이저 미사일 시스템(LaWS)'이라는 이름으로 자체 무기 개발에 나섰습니다. 그들은 2017년 중동 걸프만에 출동한 상륙함에 레이저 미사일 시스템을 세계 최초로 탑재하기도 했는데요. 관련 영상이 CNN에 공개되기도 했습니다. 그들도 육군과 마찬가지로 레이저의 위력을 높이기 위해 고군분투 중이라는 말은 덤으로 붙입니다.

하지만 이에 비해 내 주머니 속의 필수품이자 빨간 광선을 뿜어내는 레이저 포인터는 출력 에너지 값이 불과 수십 밀리와트(mW)밖에 되지 않습니다. 에너지 출력량이 무려 백만 배의 차이를 보이는 이 둘(레이저 무기와 레이저 포인터)을 비교하는 건 그야말로 개미와 인간과의 덩치를 비교(부피 비)하는 것만큼 허무한 일이지요. 다시 말해, 나의 유일한 공격 무기인 옵틱 블라스트는 내 주머니 속의 필수품인 레이저 포인터보다는 미군의 레이저 무기에 더 가깝다고 여겨집니다. 결론이 이렇게 내려진 마당에 지금부터는 나의 옵틱 블라스트와 미군의 레이저 공격무기를 동일시하려 합니다. 혹여 내 몸속에서 흘러나오는 빛에너지의 근원과 경로가 밝혀진다면 모를까, 지금으로선 가정하는 것이 최선입니다.

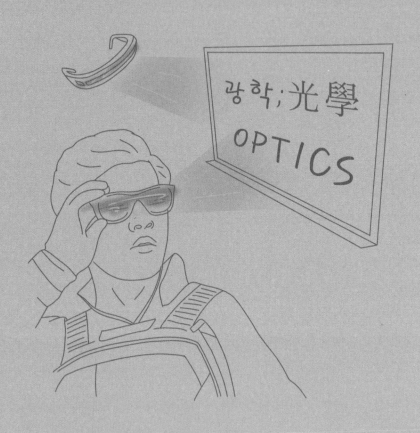

최종 병기 레이저 빔

광학자로서 미래를 준비하다

자, 이제 나의 합격 가능성을 높이기 위한 작업을 진행해 보겠습니다. 이미 짐작하시겠지만, 엑스맨으로 대변되는 우리 돌연변이에 대한 관심도가 예전 같지 않습니다. 원작을 훼손한 건 둘째치고서라도 시리즈마다 감독이 바뀐 것이 가장 큰 실수였는데요. 따라서 요즘 같은 비수기에는 대부분의 돌연변이가 집에서 빈둥거리거나 적으나마 돈을 벌어 보겠다고 소일거리에 집중하고 있습니다. 〈엑스맨 탄생: 울버린(2009)〉에서 이미 우리 돌연변이들의 소소한 돈벌이 작업을 목격했을 겁니다. 누군가는 도박판에서 마법을 부려 가방에 돈을 쓸어 담았고, 누군가는 서커스장에서 전구의 빛을 깜빡이며 어린아이들의 코 묻은 돈을 가로챘어요. 또 누군가는 짐승의 힘을 빌려 목수로 활동했고요. 모두 눈앞의 현실만을 좇아 생계를 이어 나갔습니다.

나는 그들과 다릅니다. 나는 언제 찾아올지 모를 나의 밝은 미래를 위해 열정과 시간을 쏟아 붓고 있습니다. 미군이 계획하고 있는 미래 무기에 대한 연구 동향을 파악하는 동시에 내적으로 광학 지식을 채워 나가는 중이죠.

내 몸에 대한 궁금증만으로도 도서관의 광학 코너를 섭렵할 수 있겠지만, 나는 교육자로서의 미래 모습을 상상하며 매일같이 광학 전문 서적을 끼고 지냅니다. 이슈에 따라 관심이 달라지고 의도치 않던 행운이 찾아올지도 모르는 게 세상 이치가 아닙니까? 또 하나, 긍정적인 미래란 준비된 자에게만 허락되는 법이죠. 나는 그때를 기다리며 조용히 미래를 대비하고 있습니다.

그동안의 공부를 통해 나는 내 무기가 교육용 레이저 포인터와 같은 듯 다르게 보이지만 실은 원리가 같다는 사실을 깨달았습니다. 나는 이 원리를 통해 내 루비 안경, 일명 '바이저'를 어떻게 디자인해야 되는지 깨닫게 되었는데요. 지금부터 이 모든 것을 소개하겠습니다. 회사에 합격하기 위해서라면 기꺼이 심장도 꺼내 보여 줄 수 있는 터에 그깟 내 눈의 원리 하나쯤 밝히는 건 어려운 일이 아닙니다. 좀 더 쉽게 설명하기 위해 이번에도 직원 채용이 한창인 어느 회사의 면접장으로 떠나 보겠습니다.

유도 방출이란 무엇일까?

"다음 지원자 들어오세요."

이 한마디가 들릴 때마다 지원자들의 심장은 쫄깃쫄깃해지고 입술도 바싹바싹 타들어 갑니다. 조만간 본인의 차례가 오리라는 걸 알기 때문이죠. 면접 대기실을 메운 지원자들은 두 부류입니다. 준비를 단단히 해서 자기 순서가 빨리 오길 바라는 부류와 급히 준비하느라 이것저것 신경 쓰지 못해서 혹여 교감 신경계가 폭주하여 면접장에서 객사하지나 않을까 걱정하며 도망갈 기회를 엿보는 이들이죠.

이 조마조마한 상황에서 뒤늦게 M씨가 대기실 문을 열고 들어왔습니다. 그는 두 부류 중 도망가길 희망하는 쪽의 인물로 보여요. 주변을 급히 스캔한 후 자신의 주제를 파악했는지 이내 마음을 정리합니다. 자신이 결코 합격자 명단에 들 수 없겠다고 확신한 순간, M씨는 놀랍게도 '면접비나 받아가지 뭐'라고 마음먹습니다. 그러고는 시간을 절약했다는 기쁨과 자신의 현명함에 크게 감동하면서 방금 들어왔던 문을 박차고 유유히 나가 버렸습니다.

그런데 문제는 지금부터입니다. 오자마자 나가 버린 M씨와 같은 마음을 가진 사람들이 흔들리기 시작한 거예요. 순식간에 대기실 문 앞이 붐비게 되었습니다. '면접비나 받아 가자'는 지원자들이 줄을 서기 시작한 겁니다. 세상에, 전체 지원자의 반이나 되는 사람들이 줄을 섰군요.

지금까지 말씀드린 내용이 바로 1917년 천재 물리학자 아인슈타인이 발표한 **유도 방출** 이론의 현실 버전입니다. 결론부터 말하자면 레이저(LASER; Light Amplification by Stimulated Emission of Radiation)라는 기술, 아니 '현상'은 광자의 유도 방출에 힘입은 결과물이라는 뜻입니다. 풀네임을 우리말로 번역해 보자면 '유도 방출(stimulated emission)에 의해 얻어진 빛의 증폭(light amplification)' 정도 되겠군요. 참, 이름 하나는 기가 막히게 지었다는 생각이 들지 않아요? 문구에 핵심 단어들이 전부 들어 있는 건 물론이고, 발음마저 고급스럽게 들립니다.

역시 예나 지금이나 인간들은 말 만들어 내기를 엄청 좋아하는 모양입니다. 하긴 말 잘 만드는 이들이 능력 있다고 인정받는 세상이니 오죽하겠어요? 우리 같이 평범한 사람들은 그들이 만든 말을 잘 써 주기만 하면 됩니다. 그것이 말 만든 이들에 대한 예의이기도 하죠. 또한 평범한 우리는 세부 이론을 파헤치는 것보다는 그들이 만든 이론을 잘 해석하고 파악하면 될 것입니다. 말이 나온 김에 레이저라는 이름을 다시 한 번 파 봅시다.

앞서 이야기한 대로 여기에는 두 가지 핵심어가 들어 있습니다. '유도 방출'과 '빛의 증폭'입니다. 유도 방출이란 물체(원자)에서 빛이 튀어나오긴 하는데, 자기가 알아서 스스로 내보내는 게 아니라 누군가에게 등 떠밀려 나오는 상황을 의미합니다. 빛의 증폭이란 말 그대로 튀어나오는 빛의 양(세기)이 늘어났다는 뜻이고요. 한마디로 정리하면 "누가 등을 떠밀다시피 해서 빛이 튀어나왔는데, 그 양이 평상시보다 많더라" 하는 것입니다.

그럼 평상시란 어떤 상태를 말하는 걸까요? 가만히 내버려 두어도 알아서 튀어나온다는 말일까요? 그렇습니다. 과학계에서는 이를 유도 방출이란 외부의 자극(빛)에 의해 물체 내부에서 동일한 크기와 방향을 갖는 에너지(광자)가 방출되는 과정을 뜻합니다. 이 과정에서 물체 내에 존재하는 전자는 보다 안정한 상태로 자리를 변경합니다. 이름 하여 에너지 준위의 천이(transition)가 일어나는 것입니다.

공명이란 물체가 갖는 고유 진동수와 같은 진동수의 외부 힘이 주어졌을 때 주기적으로 영향을 미쳐 진폭이 크게 증가하는 현상을 말합니다.

두고 '자발 방출(spontaneous emission)' 혹은 '자연 방출'이라 부릅니다. 면접 대기실에 M씨가 들어와 굳이 불을 지피지 않았어도 나갈 이들은 결국 언젠가 나간다는 뜻입니다.

　유도 방출에서 중요한 점은 M씨가 지핀 '불씨'에 있습니다. 과학자들은 이를 전문 용어로 **공명(resonance)**이라고 부릅니다. M씨의 마음과 남아 있는 이들의 마음이 같았고 서로 동조했기에 상당수가 면접장엔 들어가지도 않은 채 면접비만 받고 귀가할 수 있었던 것입니다. 그런데 이는 사실 그다지 현실성이 없습니다. 여러분도 채용을 업으로 삼으니 나보다 더 잘 이해하시겠죠? 마음에 동요가 생길 수는 있지만 실행에 옮기는 사람은 별로 없을 거란 뜻입니다. 기껏해야 한두 명일까요? 아니, 그것도 힘들 겁니다. 유도 방출도 마찬가지예요. 보통 5퍼센트라고 이내라고 알려져 있습니다.

레이저 빔의 비밀을 파헤쳐라

자, 아직 할 말이 많이 남아 있으니 다시 M씨가 나타났던 면접장으로 가 봅시다. 호기롭게 면접비를 받아 문을 박차고 나가긴 했지만 M씨에겐 막상 할 일이 없었습니다. 따라 나오는 이들이 좀 있었다면 같이 술이나 한잔할 수 있을 텐데 등 뒤로 굳게 닫힌 문은 좀처럼 열리지 않습니다. M씨는 고민에 빠졌습니다. '집으로 갈까?' '조금 더 기다려볼까?' 한동안 기다렸지만 인기척이 없자 M씨는 특단의 조치를 취했습니다.

그가 선택한 방법은 '다시 들어가기'였습니다. 남아 있는 사람들의 마음에 2차, 3차 불씨를 지피려는 계략이었는데요. 이 상황은 유도 방출을 극대화하길 원하는 물리학자들의 계획과 동일합니다.

과학자들은 먼저 두 개의 거울을 준비했습니다. 거울 두 개를 서로 마주보게 세팅한 뒤 그 사이에 유도 방출이 가능한 물질을 놓아 두었습니다. 그러고 나서 공명을 줄 수 있는 외부 에너지를 물질에 주입합니다. 어떻게 될까요? 답은 면접 대기실에 또 다시 쳐들어갔던 M씨의 경우에 나와 있습니다. M씨는 운 좋게도 자신의 동지를 찾았고, 두 명으로 늘어난 공명 전달자들은 합심하여 남은 이들을 유혹했지요. 셋으로 늘어난 집단은 곧이어 넷, 다섯, 여섯…… 꾸준히 늘어났는데요. 늘어나는 속도는 점점 빨라졌습니다.

첫 번째 원자에서 튀어나온 두 개의 광자는 앞에 놓인 거울에 맞고 다시 튕겨 나와 다른 원자들과 마주하게 되고, 각각의 광자는 또 광자를 두 개씩 생산해냈습니다. 두 개가 네 개가 되고, 네 개는 여덟 개가 되며, 여덟 개는 열여섯 개로 부풀려진 것이지요. 즉, n번 만나면 2의 n제곱으로 광자 방출량이 늘어난다는 뜻입니다. 어떤 수의 제곱을 가리키는 '지수', 그런데 이 지수 함수라는 게 말이 쉽지 정말 무서운 수식입니다. 금융계에서 말하는 복리의 마법, 즉 월급을 차곡차곡 집에 쌓아놓으면 안 된다는 교훈은 지수 함수를 바탕으로 한 대표적인 경우인데요. 예를 들어 주식장에서 상한가(30퍼센트 기준) 세 번이면 원금의 두 배를 넘어서고, 다섯 번이면 원금의 네 배가 눈앞에 보이며, 열 번이면 원금의 열네 배에 이릅니다. 나는 월급을 단 한 차례 넣었을 뿐인데, 1년 만에 24개월 치의 월급이 되어 돌아오는 셈이지요. 물론 행운의 신이 강림하시지 않고서야 불가능한 일이지만요.

과학자들은 이런 일이 유도 방출의 세상에서는 충분히 가능하다고 생각했습니다. 레이저 업자들도 마찬가지고요. 그래서 두 개의 거울 사이에서 본인과 똑같이 생긴 자손들이 두 명씩 2대, 3대, 4대 연속적으로 태어나고 있는 것입니다. 그 결과 대기실을 가득 메운 공명 전달자들은 그 수를 주체할 수 없을 만큼 늘어나고 동시에 성격과 추구하는 가치관마저 같은 광자들과 함께한 덕분에 극강의 파워를 손에 넣을 수 있게 되었습니다. 그런데 이때 미처 생각하지 못했던 사소한 문제가 하나 발생합니다. 강해진 빛에너지가 빠져나갈 출구가 도무지 보이지 않았다는 것입니다.

두 개의 거울 사이에서 계속해서 탄생한 광자들은 한정된 공간에서 세력을 키워 나가지만, 정작 자신의 힘을 발산할 곳이 없는 셈이죠. 한없이 강해지는 빛에너지를 제때 빼내지 못한다면 어떤 일이 생길까요? 거울 감옥이 버텨 낼 수 있는 수준을 넘어선다면요? 쾅! 쨍! 그랑! 펑! 증폭된 에너지는 이내 폭발로 이어질 수밖에 없습니다. 코너에 몰린 쥐는 고양이를 문다잖아요. 불쌍한 쥐를 위해서 숨통이라도 트여 줘야죠. 고심 끝에 물리학자들은 거울 감옥에 두 개의 거울 중 하나를 부분 투과 거울로 만들었습니다. 거울 감옥 안에서 갇혀 있는 광자들에게 빠져 나갈 최소한의 통로를 마련해 준 겁니다. 그동안 좁은 감옥 안에서 고생하며 울분을 키워 가던 광자들을 위해 몇 개의 바람 통로를 뚫어 준 셈인데요. 이로써 광자들이 넓은 세상에 발을 딛게 되었습니다.

이 모습을 보며 뿌듯하게 미소 짓던 인간들은 이를 일컬어 **레이저 빔**이라면서 유도 방출이 일궈 낸 빛의 증폭 현상을 찬양했습니다. 확실하지는 않지만 내 눈의 망막은 이러한 형태를 이루고 있을 것 같습니다. 남들의 평범한 수정체와는 달리 나의 수정체는 유도 방출이 가능한 물질로 구성되어 있으며, 이 물질들은 몸속 어딘가에서 방출된 광자를 받아들임으로써 여분의 광자들을 만들어 냈던 게 아닌가 싶습니다. 불의의 사고와 관계없이 애당초 나의 눈은 이런 구조였던 모양입니다. 아니, 이것이 바로 나의 운명이었던 겁니다. 결국 내가 할 수 있는 것은 방출되는 광자의 양을 컨트롤하는 일밖에 없습니다. 루비 바이저를 통해서 말입니다.

🔺 레이저 포인터[적색(635 nm), 녹색(520 nm), 청색(445 nm)].

🔺 천문학자들이 초대형 망원경(VLT) 중 하나인 예푼을 이용해 은하수 중심을 관측했다. 당시 예푼의 레이저 빔이 남쪽 하늘을 가로지르며 지구 중층권 고도에서 인공별을 생성했다(2010년 8월, 칠레).

| 엑 | 스 | 파 | 일 |

레이저(laser)는 유도 방출 광선 증폭(light amplification by the stimulated emission of radiation)의 머리글자입니다. 원자나 분자 내부에 축적된 에너지를 집약적으로 뽑아내는, 긴밀히 결합된(응집력 있는) 광선이죠. 전형적인 레이저 광은 단색, 즉, 오직 하나의 파장이나 색으로 이루어집니다. 일반적으로 레이저 빔은 가늘고 퍼지지 않습니다. 반면, 백열전구와 같은 대부분의 광원은 결이 맞지 않는 수많은 빛을 넓은 파장 범위에서 넓은 면적으로 방출하지요. 레이저의 파장은 매질 등의 구성요소에 의해 정확하게 정해지는데요. 매질에 따라 아르곤에서는 푸른색, 이산화탄소에서는 무색(적외선), 루비에서는 붉은색의 레이저가 방출됩니다.

폭주를 막을 수 있는 필수품

나의 공격 무기인 레이저 빔, 그리고 이를 이루고 있는 광자. 왜 나는 방출되는 광자의 양을 루비로 조절하게 된 걸까요? 내 안경의 역사는 어린 시절 병원에서 만났던 한 의사의 코멘트에서부터 시작됐습니다. 그는 내 눈에서 강한 빛이 뿜어져 나온다는 사실을 깨닫고 이를 제어하는 방법을 찾던 중 루비가 적합하다는 걸 발견했습니다. 그러고는 루비로 만든 안경을 나에게 씌웠어요.

그런가 보다 하면서 무의미하게 지나친 세월이 10여 년. 내 눈의 원리를 탐구하던 나는 드디어 그날의 선택이 일어나게 된 배경, 의사가 왜 그런 재료를 가져왔는지 알게 되었습니다. 네, 이것은 순전히 유도 방출의 효율성과 연관된 이야기입니다.

유도 방출이 가능한 물질은 크게 고체와 기체로 나뉩니다. 또한 이 물질은 다른 기준을 가지고 둘로 나뉘는데, 전자의 기분이 업(up)되는 단계가 세 개인지 네 개인지에 따라 **3준위 물질**과 **4준위 물질**로 구분됩니다. 만약 돌연변이들끼리 올림픽을 치른다고 할 때, 3준위 물질은 금/은/동메달이 존재하는데 이에 맞춰 기분 상태가 상/중/하로 나뉘고, 4준위 물질은 동메달 밑에 참가상이 하나 더 있어 기분이 네

전자가 존재할 수 있는 위치를 '에너지 준위'라 부릅니다. 3준위 물질과 4준위 물질은 이 에너지 준위가 3개 있느냐, 4개 있느냐를 뜻합니다.

단계로 나누는 것과 같습니다.

이제 금/은/동 시스템 혹은 금/은/동/참가상 시스템에서 기분이 달라지는 프로세스를 살펴볼게요. 열심히 경기를 치른 당신은 심사위원들로부터 극찬을 받았습니다. "이 정도면 금메달감이야" "자네가 받지 않으면 누가 금메달을 받겠나?" 하는 식의 온갖 칭찬이 날아들었지요. 자연히 기분은 최고입니다. 별 탈이 없으면 금메달을 받겠거니 믿고 있던 그때, 누군가의 기록이 당신의 기록을 넘어서고 말았습니다. 당신은 순식간에 은메달 후보로 떨어져 버렸어요. 어이없지만 어쩌겠습니까? 심사위원들이라고 해서 이렇게 될 줄 누가 알았겠어요? 당신은 '그래, 2등이 어디냐. 1등이나 2등이나'라면서 자신을 위로합니다. 그와 더불어 '오랜 시간' 이러한 순위권을 유지하고 있던 당신에게 '은메달 유력'이라는 딱지가 붙었습니다. 그렇게 경기가 끝나갈 무렵, 청천벽력과 같은 소식이 들어옵니다. 당신이 다시 3등으로 밀린 거예요. 1등에서 2등으로 떨어질 때와는 차원이 다른 충격이 밀려옵니다. "메달 색깔이고 뭐고 이러다가 메달 자체를 못 따게 되는 거 아니야? 이 사기꾼 같은 심사위원들 같으니라고. 나를 호구로 봤어? 도저히 못 참겠다. 다른 놈들이 치고 올라오기 전에 경기를 마무리 지어야지. 그만! 그만 좀 나와! 여기까지!"

당신은 이성의 끈을 놓아버리고 에너지를 뿜어내기 시작했습니다. 그때 잠시 자리를 비워 상황 파악이 안 된 심사위원 하나가 급히 착석하며 한마디 덧붙입니다. "역시 자네가 최고야! 넘버원!" 마침내 당신은 돌아버리고 말았습니다. 이후 당신은 퇴장 판결을 받으며 경기의 결과와는 전혀 상관없는 일반인의 처지로 전락해 버렸죠. 네, 이이야기는 광자가 방출되는 조건을 설명하고 있습니다. 두 번째 에너지 준위에서 세 번째 에너지 준위로 전자가 떨어지는 순간, 그 에너지 차에 해당하는 광자가 방출된다는 뜻입니다.

3준위, 4준위의 레이저 발진 모두 은메달 후보에서 동메달 후보로 떨어지는 순간 이루어집니다. 금메달 후보에서 은메달 후보로 떨어지는 건 금방이지만, 은메달 후보에서 동메달 후보로 떨어지는 건 시간이 좀 더 오래 걸리기에 기분이 어중간한 상태가 오랫동안 지속되는 것입니다. 에너지가 높은 상태의 전자들이 에너지가 낮은 상태의 전자들보다 많아지는 희한한 상황이 펼쳐지는 거죠. 물리학자들은 이러한 희한한 상황을 **밀도 반전**이라 불렀고, 이는 유도 방출의 필수 요건으로 받아들여졌습니다.

금/은/동/참가상 시스템의 경우, 금/은/동 시스템보다 밀도 반전이

| | 엑 | 스 | 파 | 일 |

일반적으로 낮은 에너지 준위에 존재하는 전자가 높은 에너지 준위에 존재하는 전자들보다 많은 것이 정상입니다. 낮은 에너지 준위라는 게 보다 안정한 상태를 의미하게 때문에 안정한 상태를 갖는 전자들이 불안정한 상태를 갖는 전자들보다 당연히 많은 것이지요. 그런데 만약 두 번째 에너지 준위(상대적으로 높은 에너지)에 있는 전자들이 세 번째 에너지 준위(상대적으로 낮은 에너지)에 있는 전자들보다 많을 경우 '전자의 밀도가 반전됐다'고 표현합니다. 안정한 위치보다 불안정한 위치에 전자들이 많이 포진해 있어야, 즉 전자의 밀도 반전이 있어야 유도 방출이 일어납니다.

더욱 잘 일어난다고 알려져 있는데요. 이는 4준위 레이저가 3준위 레이저보다 더욱 효율성이 높다는 것을 의미합니다. 이런 측면에서 봤을 때 내 눈에서 무한정 뿜어져 나오는 강력한 레이저 빔은 아마도 4준위 물질을 거쳐 방출되는 것으로 판단됩니다. 이를 알고 있던 의사가 내 눈이 뿜어내는 광자의 양을 제어하기 위해 보다 효율성이 떨어지는 3준위의 물질을 도입했고, 이것이 바로 루비인 셈이지요. 정확히는 산화알루미늄(Al_2O_3) 속에 소량의 크롬(Cr) 원자들을 억지로 끼워 넣은 인공 루비입니다. 루비는 전형적인 3준위 물질로서 나의 옵틱 블라스트의 강도를 인위적으로 약하게 만들 수 있는 재료입니다.

보다 강함을 원하는 레이저 업계에서는 아무도 이런 비효율적인 배치를 시도하지 않겠지만, 나에게 있어 루비 바이저는 꼭 필요한 도구로 내 주변의 평화를 지키기 위해 어쩔 수 없이 선택해야 했습니다. 나는 공부를 끝마친 지금에서야 비로소 어릴 적 만난 그 의사를 이해할 수 있게 되었습니다. 역시 '교육이 미래'입니다.

돌연변이여 영원하라

희망 업무

나는 눈에서 레이저 빔이 나올 뿐, 남다른 개인기 따위는 없어요. 체술로만 보더라도 일반인들보다 약간 우위에 있는 정도입니다. 이런 내가 지금까지 각종 전투 현장에서 리더 역할을 맡고 있다니, 좀 놀라운가요? 지나온 과거를 뒤돌아볼 때, 전장에서 리더의 지위는 나에게 맞지 않는 옷이었습니다. 그 자리엔 나보다 능력이 출중한 이들이 앉아 있어야 해요. 그 사실을 나는 너무 늦게 깨달았습니다. 공격력과 방어력을 모두 갖춘 울버린이나 상대의 공격이 닿지 못할 환경을 조성할 수 있는 스톰이 리더에 더 어울리죠.

나는 앞서 누차 강조한 바와 같이 교육 현장으로 가길 희망합니다. 그곳에서 싸움꾼이 아닌 교육자로서 제2의 인생을 시작하고 싶어요.

회사의 밝은 미래를 위해서도 꼭 필요한 배치임에 틀림없을 겁니다.

장래 포부

장래 포부라……. 입사가 확정되지도 않은 마당에 장래 포부가 무슨 의미가 있겠습니까만, 합격한다는 가정 아래 생각해 보면, 나는 미래에 이 회사 인재 개발 부서의 리더가 되어 있을 것입니다. 돌연변이들을 각각 목적에 맞게 적재적소에 배치시키는 전문가 말이지요. 그때가 온다면 인사팀에 정식으로 건의할 것입니다. 이력서에 이런 의미 없는 질문을 넣지 말라고요. 도대체 무슨 목적으로 장래 포부 같은 걸 묻는 걸까요?

대기 흐름의 컨트롤러
스톰

지구와 소통하는 뮤턴트 스톰

하늘을 날며 바람을 일으키다

'스톰'이라는 돌연변이 이름으로 유명세를 탄 지 오래됐지만, 이렇게 공식적으로 내 소개를 하는 건 처음입니다. 이런 기회를 마련해 준 엑스맨 주식회사에 감사의 말을 전하고 싶어요. 나에 대한 이야기를 솔직하고 담백하게 시작하기 전에 조금 서운했던 옛 감정을 털어낼까 합니다.

내 본명은 '오로로 먼로'입니다. 이력서를 읽고 있을 채용 담당자 님에게 두 가지 묻고 싶은 게 있습니다. "나의 본명을 들어 본 적 있나요?" 하는 질문과 "내가 아는 다른 돌연변이들도 이 회사에 지원한 듯한데 그들의 본명을 들어 본 적 있나요?" 하는 것입니다. 만일 당신이 우리 돌연변이들의 일거수일투족을 신경 쓰는 덕후가 아니라면 첫 번째 질문의 답은 "No"일 테고, 두 번째 질문에 대한 답은 "Yes"일 것입니다. 불행하게도 세상은 우리 돌연변이들의 본명엔 관심이 없습니다. 특히 내 본명에는 유독 관심 없어 하더라고요. 단지 능력대로 부르길 좋아하지요. 저를 스톰으로 기억하는 것처럼 말이에요.

여러분의 기억과 달리 나는 결혼한 적이 있습니다. 요즈음 인간 세계의 언어로 표현하자면 '돌싱'이에요. 그런데 영화에서는 마치 내가 미혼인 것처럼 나오더군요. 싱글로 포장해 주니 한편으로 고맙지만 일부러 숨긴 게 아니라는 점을 알아주면 좋겠습니다. 아, 전 남편이 누구냐고요? 그는 나와 달리 이름과 닉네임이 모두 잘 알려진 사람으로 돌연변이가 아닌 인간입니다. 그러나 흔한 인간은 아니에요. 나와 만나 잠시 가정을 이뤘을 때는 왕자의 신분이었고, 현재는 한 왕국을 다스리는 절대자가 되었죠. 바로 티찰라, '블랙팬서'입니다. 이 자리를 빌어 최근 대장암으로 사망한 (고)채드윅 보즈먼(블랙팬서 역)의 명복을 빕니다. 우리 조합은 어벤져스의 검은 표범과 엑스맨의 폭풍이 만난 셈인데, 우리의 행복한 시간은 그리 길지 못했습니다. 엑스맨과 어벤져스 간의 사이가 틀어지면서 우리도 자연스레 인연의 끈을 놓게 되었습니다.

지금은 법적인 가족 관계가 아니지만, 나는 한때 사랑했던 티찰라를 포함한 그의 친구들 어벤져스를 응원합니다. 다른 돌연변이들은 어벤져스가 우리의 인기를 빼앗아 갔다며 배 아파하고 심지어 몇은 몸져눕기도 했지만 나는 그렇게 생각하지 않습니다. 인기란 흩날리는 바람과도 같지 않던가요? 그까짓 바람쯤 내가 눈꺼풀 한 번 뒤집으면 언제든지 불러올 수 있으니 걱정할 게 없습니다. 우리는 돌연변이라는 울타리에 갇혀 인간 세상을 미워해서는 안 됩니다.

사실 진화니 뭐니 이야기하는 것도 모두가 선동입니다. 솔직히 말해서 우리는 진화한 인간이 아닌, 약간의 유전적인 변이를 일으킨 인간일 뿐이에요. 피해 의식에 사로잡혀 세상을 등지면 안 된다는 게 내 개인적인 바람입니다.

나는 현재 찰스 교수님의 뒤를 이어 영재학교를 이끌고 있습니다. 물론 스콧이 함께하기에 가능한 일이지만, 나의 교육자적인 능력이 뒷받침되지 않았다면 어디 가당키나 했을까요? 이 모든 건 찰스 교수님의 교육 덕분입니다. 요즘도 나는 가끔씩 생각해요. 내가 만약 그 당시 찰스 교수님이었다면 한때 도둑이었던 자를 끌어안을 수 있었을까, 하고 말이지요. 몇 번이나 생각해 보았지만 나의 대답은 언제나 "Never"입니다.

나는 남들처럼 소위 잘나가는 학교를 다녀본 적은 없습니다. 물론 일류 석학들이 강의하는 수업을 들어 본 적도 없고요. 하지만 그런 학교를 나오지 않았다고 해서 주눅 들거나 기가 죽지는 않습니다. 나에게는 정성을 다해 모든 것을 가르쳐 주시던 찰스 교수님과 깊은 속까지 터놓고 토론하던 친구들이 있으니 말입니다.

공부 좀 잘한다고 좋은 학교 좀 나왔다고 해서 회사 일까지 잘하는 건 아니지요. 선배나 동료들과의 소중한 추억으로 가슴을 꽉 채운 나야말로 어느 누구보다 강인한 인재입니다. 회사의 미래를 맡길 만한 믿음직스런 인재죠.

뮤턴트와 인간은 함께 행복해야 합니다

며칠 전 나는 우연히 회사의 입사 프로세스가 진행 중이란 소식을 전해 들었습니다. 영재학교의 또 다른 리더인 사이클롭스의 입을 통해서죠. 그는 자기가 엑스맨 주식회사에 이력서를 냈고, 교육을 담당하는 부서로 배치해 주기를 희망한다고 썼다더군요. 나는 정말 깜짝 놀랐습니다. 아무 생각 없이 모터바이크에만 빠져 사는 줄로만 알았던 그가 미래를 준비하고 있었다니! 곧 내 마음속 깊은 곳에서도 무엇인가가 꿈틀거렸습니다.

"내가 저 친구보다 못난 것도 없는데. 나도 이번 기회에 전공 살려서 미래 설계를 해야겠다."

회사에 기여할 수 있는 능력으로 따진다면 나는 절대 그에게 밀리지 않는다고 자부합니다. 둘 다 합격하는 게 가장 좋지만, 만약 인재 교육부서의 여유 자리가 하나밖에 없다면 그곳에는 분명 '스톰'이라고 적힌 이름표가 놓여 있을 것입니다.

모두 알고 있겠지만, 우리 돌연변이들은 추구하는 가치관에 따라 크게 두 부류로 나뉩니다. 인간과의 상생을 꿈꾸는 쪽과 인간의 멸절을 원하는 쪽으로요. 나는 철저히 전자의 경우에 해당됩니다. 그렇다고 인간들을 마냥 예쁘게 보는 건 아니에요. 역사를 돌이켜 봤을 때 꾸준히 이기적이었고 순수하지 못했던 그들에게 무조건적인 사랑을 베풀어 줄 만큼 나는 너그럽지 않습니다. 이는 내 주변의 다른 동료들도 마찬가지입니다. 인간을 미워하기에 적당한 수만 가지 이유가 있겠지만, 우리는 그들의 이기적인 습성을 단연 첫 번째로 꼽습니다. 내가 하고 싶은 말은 우리가 인간들에게 불만을 가지듯 그들 역시 우리에게 불만을 가질 수 있다는 점입니다.

그러나 인간 중에도 우리 돌연변이 중에도 서로 공생하길 원하는 집단이 분명 존재합니다. 지금껏 우리 두 종족이 살아남았다는 사실이 이에 대한 증거입니다. 따라서 나는 일부 몰지각한 인간이나 돌연변이들의 '제 잘난 맛에 사는 행동'을 거부합니다. 그들의 사고나 행동은 조금도 따라 하고 싶지 않습니다. 이 회사의 채용 프로세스에 논리적인 이성이 존재한다면 회사가 어떤 입장을 선택해야 하는지 잘 알고 있으리라 생각합니다. 나는 인간과의 상생을 위해 최전방에서 싸워 온 몇 안 되는 돌연변이입니다. 단연코 말입니다.

함께 걸어야 오래 간다

"멀리 가려면 함께 가라."

내가 가장 좋아하는 명언입니다. 어릴 적 외로움에 사무쳐 몸부림치던 그때, 귓가에 우연히 전해진 바람의 속삭임이었습니다. 누가 말했는지 정확히 언제인지 기억하지 못해도 그 말은 나의 인생을 송두리째 바꿔 놓았습니다.

어른이 된 지금 나는 매 순간 내 주변에 그때의 속삭임을 그대로 전해 주고 있습니다.

스톰, 기체를 다스리는 자

공기를 지배한다

나는 공기를 다스립니다. 보다 정확히 표현하자면 대기 중에 존재하는 모든 기체의 흐름을 지배하지요. 〈엑스맨: 아포칼립스〉(2016)에서 아포칼립스를 만난 뒤 내 안에 잠들어 있던 힘이 증폭되긴 했지만, 사실 이는 전작인 〈엑스맨: 데이즈 오브 퓨처 패스트〉(2014)에서 역사가 바뀌었기에 가능한 시나리오일 뿐이었습니다.

나는 모든 돌연변이들이 그러하듯이 태어날 때부터 이렇게 생겨먹었습니다. 어릴 때부터 기체의 흐름을 제어하는 데 능숙했고, 이는 내가 사는 지역의 날씨 변화로 이어졌어요. 나이가 들수록 내 힘은 점점 커졌고, 어느새 지구 단위의 날씨를 변화시킬 만큼 강력해졌습니다. 맑은 하늘에 안개를 불러오는 건 기본 중의 기본이고, 원하는

<엑스맨: 아포칼립스>는 신으로 숭배되었던 최초의 돌연변이 아포칼립스가 네 명의 돌연변이에게 거대한 힘을 건네주며 '포 호스맨'으로 임명한다는 내용이 줄기를 이룹니다. 그들 중 한 명이 바로 스톰입니다.

<엑스맨: 데이즈 오브 퓨처 패스트>에서는 천재 과학자 트라스크가 발명한 센티넬이라는 로봇으로 인해 멸망을 맞이한 미래의 인류가 그려집니다. 미래로 파견된 울버린 덕분에 인류는 멸망에서 벗어날 수 있었는데요. 새로 바뀐 미래에서는 이전과 달리 인간과 돌연변이가 함께 살아갑니다.

곳에다 회오리바람을 일으키는 건 누워서 떡 먹기, 심지어 공기 중의 전자기 현상을 이용해 번개를 치게 만들 수도 있습니다. 나의 전 남편 블랙팬서와 한 팀을 이루고 있는 천둥의 신 토르처럼 말이에요. 토르는 신이기에 가능하다지만, 나는 일개 돌연변이 인간일 뿐인데도 그와 동등한 능력을 가졌다, 이 말입니다.

나는 토르가 갖지 못한 능력도 보유하고 있습니다. 비록 지금까지 영화에서 다룬 적은 없지만 나는 지구의 대기압을 증폭시킬 수 있습니다. 이는 공기 분자 간의 거리를 줄이고 줄여 그 밀도를 극대화시킨 결과였는데요. 목성 수준(지구 대기압의 300만 배)까지도 가능하니 그 강력함이란 이루 말할 수 없을 정도입니다. 한마디로 내 능력은 지구의 대기권과 깊은 관계를 맺고 있습니다. 이제부터 자랑스러운 내 능력을 지구의 대기와 연결시켜 설명하겠습니다.

빈틈을 적절히 파고드는 능력

철없던 어린 시절, 나는 남의 물건을 훔치며 하루하루를 버텼습니다. 주인이 방심한 틈을 타 빵을 훔치고, 더운 날엔 누군가 벗어서 잠시 걸어 놓은 옷가지를 몰래 들고 나오기도 했죠. 시간이 갈수록 나의 손놀림은 빨라졌고 동작도 민첩해졌습니다. 다른 도둑들의 우위에 서는 길만이 내가 안락한 삶을 누릴 수 있는 유일한 방법이라 믿었습니다.

이 글을 읽고 있는 채용 담당자는 어쩌면 혀를 끌끌 차고 있을지도 모릅니다. '교육자의 자리에 서길 원하는 지원자가 도둑놈이었다니' 하면서 말이에요. 사실 나의 과거는 불합격 도장을 받게 만들 사유로 충분합니다. 하지만 약간 억울한 점도 있어요. 어린 시절에 도덕적인 가르침을 받아 본 적이 없었으니 무엇이 옳고 그른지 분별력이 떨어지는 건 당연한 일 아닌가요?

내가 굳이 자신의 흑역사를 들추는 이유가 뭔지 궁금하실 텐데요. 바로 부끄러운 흑역사 속에서 내 능력의 기원을 말할 수 있기 때문입니다. 이른바 '빈틈 공략하기'죠. 다년간 먹은 눈칫밥과 도둑 생활 덕분에 얻게 된 능력입니다.

머리가 굵어가던 어느 날 문득 아이디어가 하나 떠올랐습니다. '내 본연의 돌연변이적인 초능력에 그동안 체득한 빈틈 공략 노하우를 접목해 보면 어떨까?' 하는 것이었죠. 그렇게 하면 분명 지금의 삶보다 훨씬 흥미진진하고 풍요롭게 살 수 있을 것 같다는 확신이 생겼습니다. 그래서 그날부터 본격적인 훈련에 들어갔어요. 내 목표는 공기 분자들 사이의 빈틈을 공략하여 갑작스런 대기의 변화를 이끌어 내는 것이었습니다.

고체, 액체, 기체로 구분되는 물질의 세 가지 상태 중에서 분자들 사이사이에 광활한 빈틈을 가지고 있는 것은 기체뿐입니다. 이렇게 각각 떨어져 있는 공기 분자들, 특히 물 분자들을 제어하고 그들 사이의 거리를 조절함으로써 마른하늘에 비가 내리게 하는 법은 물론 안개를 피워 올리는 법까지 터득해 나갔습니다. 오로지 혼자 힘으로 이루어 낸 쾌거였죠. 그런데 참 궁금합니다. 인류 역사상 나와 같은 능력을 지닌 사람이 과연 하나도 없었을까요?

영국 세인트 앤드루 대학의 피터 프로스트 교수는 지금으로부터 1만~1만 5천 년 전 유럽의 북부 지방에서 **금발의 머리카락을 가진 돌연변이**가 태어났다고 말했습니다. 이후 금발의 매력에 취한 주변인들과의 교배가 빈번히 이뤄진 덕분으로 지금 그 지역에는 80퍼센트 이상의 주민이 금발이라고 합니다. 매력이란 것은 자신과 다른 존재, 즉

'남자는 금발을 좋아한다'는 속설을 뒷받침하는 연구 보고서가 발표됐다는 내용이 실린 기사입니다. 캐나다 인류학자인 피터 프로스트가 북유럽 여성들이 빙하시대 말기에 남성들을 유혹하기 위해 금발 머리와 푸른 눈으로 진화했다고 주장했다는 내용이에요. 원문을 일고 싶으신 분은 아래 QR코드를 스캔해보세요.

본인이 미처 갖추지 못한 특성을 지닌 소유자에게 끌리는 감정인데요. 이러한 감정은 나와 같은 초능력 돌연변이들을 상대로 평범한 인간들이 가져야 마땅한 것입니다.

다른 능력도 아닌 날씨 조절 능력이라니요! 농경이 주를 이루었던 시대에는 더할 나위없는 축복이었을 겁니다. 즉 수만 년 동안 나와 같은 능력의 소유자들은 분명 매력적인 존재로서 대우 받았을 거란 뜻입니다. 제아무리 유전자가 극한 열성 인자로 분류된다 하더라도 수십 년, 아니 수백 년에 하나씩은 태어나지 않았을까요? 그런데 왜 내가 아는 사람이 단 한 명도 없는 걸까요?

오랜 고민 끝에 나는 결론을 내렸습니다. 나와 같은 능력을 갖춘 돌연변이가 분명 존재했을 테지만 그 선배들은 자신의 이야기를 기록으로 남기지 못했던 것입니다. 왜냐고요? 시간이 없었으니까요. 하루 종일 아무 생각 없이 밭만 갈아야 하는 소들을 떠올려 보세요. 쉽게 이해할 수 있을 겁니다. 나의 선배들은 농사짓기에 적합한 날씨를 원하는 주변 인간들의 등살에 밀려 새벽부터 출근해서 온갖 극심한 노동을 강요당했던 게 분명합니다. 그러다가 농경 사회가 막을 내리고 백여 년이 지난 오늘에서야 나를 집중 조명하는 기록들이 튀어나오고 있는 형편이지요.

나의 조상들이 과거 인간의 노예처럼 생활한 탓에 나는 내 능력을 키워 나가는 과정에서 조언 하나 얻지 못한 채 수많은 시행착오를 거쳐야 했습니다. 그나마 다행인 건 선배들이 고생하고 있던 그 순간, 인간들은 자신의 여유 시간을 할애하여 자연의 비밀을 파헤치기 위한 과학 지식을 쌓아갔다는 사실입니다. 덕분에 나는 그들이 정리해 둔 과학 이론들을 공부하면서 내 능력의 방향성을 찾아갈 수 있었습니다. 선배들의 고생 덕분에 인간들이 여유 시간을 갖게 되었고, 그 여유 시간에 인간들이 자연의 이치를 파악했으므로 내가 능력을 키워 낸 셈입니다. 얄미운 인간들을 보듬게 된 이유랍니다.

희뿌연 하늘 만들기

자연이 만들고 내가 다듬은 첫 번째 능력. 그것은 이미 엑스맨 시리즈를 통해 여러 번 선보인 적이 있는 희뿌연 하늘 만들기, 즉 안개 생성 능력입니다.

나의 능력은 여러분이 그동안 접해 온 돌연변이들의 그것과 사뭇 다릅니다. 미스틱처럼 피부가 변하지도 않고, 울버린처럼 금속 뼈가 튀어나오지도 않을뿐더러, 비스트처럼 온몸이 파란 털로 뒤덮여 있는 것도 아니에요. 한마디로 나는 초능력을 발휘하는 데 있어 다른 지원자들처럼 몸의 형태가 변하지 않습니다. 언뜻 평범한 인간처럼 보입니다. 또한 안개를 불러오는 능력은 물리적인 타격을 수반하지 않기에 별것 아닌 듯 보일지도 모르지요. 그러나 나는 확실히 말할 수 있습니다. 보잘 것 없어 보이는 안개 생성 능력이 상대방으로 하여금 극한의 공포를 경험하게 한다는 것을 말이에요.

갑자기 앞이 보이지 않게 됐을 때의 두려움과 불안감은 여러분이 상상하는 그 이상입니다. 겪어 보지 못한 이들은 절대 이해할 수 없어요. 나는 비슷한 상황에 처해 본 적이 있습니다. 운전대를 잡아 보았거나 주머니에 늘 안경 닦는 수건을 넣어 다니는 분들이라면 내 이야기에 공감할 것입니다.

상황을 하나 가정해볼까요? 시력이 몹시 나쁜 당신은 면접을 본답시고 새로 장만한 멋진 안경을 낀 채 면접장소로 향했습니다. 날이 무척 춥지만 긴장한 탓인지 잘 느끼지 못합니다. 드디어 도착한 면접장. 이름이 호명되고 문이 열렸습니다. 허리를 90도로 굽혀 면접관들을 향해 크게 인사를 건네고 준비된 의자에 앉았습니다. 이마에서는 땀이 한 방울 또르르 흘러내리는군요. 긴장했기 때문이 아니라 히터를 빵빵 틀어댔기 때문입니다. 밖은 한겨울인데 실내는 한여름이 따로 없어요. 그 뿐이 아니었습니다. 면접관으로 참여한 임원들의 콧구멍이 행여나 건조해질까 봐 그랬는지 가습기 또한 열심히 제 할 일을 하고 있군요. 마침내 당신을 향해 날카로운 첫 번째 질문이 날아들었습니다.

"스톰 씨, 당신은 왜 우리 회사에 지원했습니까? 여기가 처음이 아니죠? 다른 회사 어디어디 지원했습니까? 그곳에서는 면접 결과가 좋지 못했나 보죠?"

예상하지 못했던 공격에 머릿속이 하얘진 당신. 새로 산 안경을 꼈음에도 눈앞이 잘 보이지 않았습니다. 두뇌가 마비된 걸까요? 아닙니다. 안경에 짙게 서린 김 때문이었습니다. 떨리는 손으로 안경을 벗어 급히 렌즈를 닦았지만 그 순간뿐이네요. 언제 그랬냐는 듯 또다시 새하얗게 변해 버린 안경 렌즈. 희뿌옇게 김으로 코팅된 안경을 낀 당신은 오로지 들려오는 소리만으로 적들을 파악하고, 또 그들의 공격을 막아야 했습니다. 이제껏 눈의 감각에만 의존해 온 당신으로서는 이 상황이 너무나 불편하고 불안합니다. 왼쪽에서 잽이 날아와 안면을 강타한 지 얼마나 됐다고 오른쪽에서 훅이 들어오지 않나, 오른쪽 뺨을 어루만지고 있자니 턱으로 깊숙이 어퍼컷이 들어오는군요. 아이고, 온몸이 휘청거립니다. 극한의 공포를 맛본 당신에게 10분이라는 면접 시간은 10년처럼 길게 느껴졌고, 그 결과 당신은 다른 회사에 이력서를 보내야 하는 처지가 되었죠.

이렇듯 내 안개는 수많은 전장에서 물리적인 공격보다는 정신적인 공격을 펼치는 데 큰 몫을 했습니다. 상대방의 내면을 뒤흔드는 역할을 해 온 거죠. 진정한 싸움꾼은 상대방에게 외상을 입히지 않는다고 하지 않습니까? 그런 측면에서 나는 타고난 파이터인지도 모릅니다. 나는 또한 상황극 속 당신의 안경에 김이 서리듯 공기 중의 수분 입자들을 한 데 모으되 그 크기를 수~수십 마이크로미터(μm) 덩치로 키워낼 능력도 있습니다. 질문을 하나 던져 볼게요. 당신 입장에서 수 마이크로미터는 큰 것인가요, 작은 것인가요? 우리가 어린이집 혹은 유치원에서부터 배워 온 크기라는 개념은 비교 대상이 존재할 때만 언급할 수 있는 지극히 상대적인 표현입니다. 수 마이크로미터 덩치의 입자는 눈에 보이지 않을 뿐더러 기존에 눈으로 확인했던 다른 물체들보다 한없이 작으므로 내 질문에 대한 당신의 대답은 "작다"일 것입니다.

이렇듯 크기가 작은 입자(단위 부피당 표면적이 큰 입자)들이 서로

| 380 | V | 450 | B | 495 | G | 570 | Y | 590 | O | 620 | | R | 750 |

⬆ 가시광선 스펙트럼.

집단을 이루고 있다면 어떤 일이 벌어질까요? 이들의 세력이 하나에서 열이 되고, 백이 되며, 수천수만이 될수록 수분 입자의 표면을 만나 굴절되거나 반사되는 빛의 양은 점점 늘어날 것입니다. 집단을 뚫고 들어온 태양빛이 반사에 반사를 거듭하게 되고, 거듭된 반사의 탄생은 산란이라는 새 이름을 얻게 됩니다. 산란이란 무수히 많은 반사들의 집합입니다. 일반적으로 장애물을 만나 빛의 경로가 바뀌는 것을 가리키죠. 다시 말해 파장이 제각각인 빛들이 정해진 방향 없이 무분별하게 퍼져 나가는 상황을 말합니다. 가시광선만을 이야기할 때 우리의 눈에 도달하는 빛은 빨강부터 보라까지 천차만별입니다. 이들 빛깔의 합은 백색인데요. 안경 렌즈에 맺힌 수많은 미세 물방울과 공기 중에 떠 있는 안개라는 이름의 미세 수분입자 집단은 그렇게 해서 새하얀 형태를 이룰 수 있었던 것이지요.

나의 안개 생성 능력을 익히 접해 온 동료들은 거리낌 없이 "스톰! 우리가 적의 눈에 보이지 않게 안개 좀 깔아줘!"라는 말을 툭툭 내뱉곤 하는데요. 그들은 수증기가 응결되는 과정이 단순하다고 여기는 모양입니다. 하긴 어렵다면 어렵고 쉽다면 쉬운 게 안개 생성 과정이지만, 안개를 깔아 달라는 의뢰를 받은 입장에서는 고려해야 하는 부분이 여간 많지 않습니다. 우선 습한 공기가 근처에 깔려 있는지 확인하는 건 기본이고, 주변 환경은 물론 심지어 시간대까지 살펴야만 합니다.

안개 종류는 그 생성 원리에 따라 크게 다섯 가지(복사안개, 이류안개, 김안개, 전선안개, 활승안개)로 나뉩니다. 태양의 열기 공급이 끊겨 차가워진 지표면 근처에서 공기가 냉각되어 수증기의 응결이 일어나 생성되는 **복사안개**, 해무라는 별명이 붙은 해안가의 **이류안개**, 이류안개의 반대 개념인 **김안개**, 두 개의 기단이 만나 생성되는 전선 부근에서 태어나는 **전선안개**, 산의 비탈면을 따라 공기가 빠르게 흘러가면서 생성되는 **활승안개**. 이들 모두 공기층이 '이슬점'이라 불리는 온도 이하로 냉각되면서 내포된 수증기가 응결되었기에 가능해진 현상들입니다.

수증기 응결은 참으로 까다로운 작업이에요. 지금이야 오랜 경험과 내공이 쌓여 안개 생성에 실패하는 법이 없지만, 초창기 훈련을 시작했을 무렵에는 열이면 열, 백이면 백…… 시도하는 족족 번번이 실패했습니다. 잠시 다른 생각에 빠져 긴장의 끈을 놓았다가 수분 입자의 크기가 수백 마이크로미터, 심지어는 1밀리미터를 웃돌기 십상이었고, 이들 입자에 가해지는 중력의 크기는 점점 커져 공중에 오래 머물 수 있는 항력을 크게 웃돌기도 했습니다. 수증기는커녕 빗방울이 되어 후두둑 떨어지곤 했습니다.

항력이란 중력의 반대 방향으로 작용하는 힘을 말합니다. 공기(유체)의 저항이 만들어낸 힘이라 하여 항력이라 불립니다. 물체의 중력이 항력을 크게 웃돌면 곧장 낙하하게 되지요.

- 복사안개: 태양 복사에너지의 입사가 끊겨 기온이 하강할 때, 비열이 낮은 흙은 비열이 높은 공기보다 더욱 빠르게 냉각이 일어납니다. 즉, 지표면에 가까운 곳의 공기는 이슬점 이하로 냉각되고, 그 곳에 존재하던 수증기는 응결되어 안개의 형태를 띱니다.

- 이류안개: 차가운 지면이나 수면 위로 따뜻한 공기가 지나갈 때, 공기의 밑 부분은 빠르게 냉각되어 이슬점 이하로 떨어집니다. 이때 수증기의 응결이 일어나 안개가 생성됩니다.

- 김안개: 차가운 공기가 상대적으로 따뜻한 수면 혹은 지면 위를 지나갈 때, 마치 김이 솟아오르는 것처럼 안개가 생성된다고 하여 김안개라는 이름이 붙었습니다. 수면(지면)으로부터 증발된 수증기가 응결되어 생성된 안개라 하여 증발안개라고도 불립니다.

- 전선안개: 따뜻한 공기와 차가운 공기가 만나는 전선 근처에서 생성되는 안개입니다. 지표면 근처에 수증기가 증가하여 발생합니다.

- 활승안개: 수증기를 가득 머금은 습한 공기가 산비탈을 따라 빠르게 상승할 때 이슬점 이하의 온도에서 수증기의 응결이 일어나 생성되는 안개입니다.

직경이 1마이크로미터와 1000마이크로미터(=1밀리미터)인 물방울들이 10미터 상공에 머무른다고 가정했을 때, 1마이크로미터 물방울은 지면에 도착하는 데 무려 7~8시간이 걸리는 반면, 1밀리미터 물방울에 허락되는 시간은 불과 2초 남짓입니다. 안개 만들기에는 이렇듯 수증기 응집의 미세한 컨트롤이 생명입니다. 완벽한 안개를 만들겠다고 며칠 밤낮 고생하던 걸 떠올리면 십 수 년이 지난 지금도 머리털이 곤두서곤 합니다.

제우스와 토르의 능력을 내 손안에

토르에 필적하는 능력

희번득 뜬 두 눈과 더불어 중력을 거스르는 나의 머리카락들은 주변 혹은 관객들에게 일종의 경고 메시지를 제공하는 역할을 합니다. "지금부터 큰일이 벌어질 테니까 각오하는 게 좋을 거야."

그런데 사실 따지고 보면 이런 비현실적인 설정이 어디 있습니까? 흰자위로 뒤덮인 공포스런 눈까지는 뭐 어떻게 이해할 수 있다고 해도 중력을 이겨 내는 머리카락이라니! 감독이 시켜서 억지로 꾸역꾸역 해내긴 했지만 솔직히 말해서 이건 좀 아니지 않나요?

영화 촬영 할 때면 제작진들은 언제나 나에게 머리카락을 치솟게 만들 방법에 대해 고민해 보라고 하더군요. 대본 외우기도 벅찬데 장면 연출 기법까지 생각하라니요. 하지만 나는 희생정신과 책임감을 발휘

🔺 플라스틱 미끄럼틀을 타고 노는 아이. 정전기에 대전되어 머리카락이 곤두서 있다.

해 두 가지 방법을 마련하는 데 성공했습니다.

하나는 '상승기류', 다른 하나는 '정전기'입니다. 밑에서부터 바람이 올라오거나 같은 종류의 전하로 표면이 대전되어 서로 밀어낸다면 충분히 실현 가능한 장면이죠. 상승기류와 마찰에 의한 대전 효과, 이 두 가지는 머리카락 공중부양 외에도 나의 두 번째 능력을 위해 없어서는 안 될 필수 요소들입니다. 번개 생성, 자세히 표현하자면 벼락 생성을 위한 기본 준비물로서 내가 토르에 필적하는 능력을 보일 수 있도록 지구가 건네주는 도움의 손길이기도 합니다.

지구에 거주하고 있는 많은 인간들은 어벤져스 팀의 상남자, 천둥의 신 토르를 통해 이미 벼락의 위력을 수차례 경험했을 겁니다. 거대한 덩치를 자랑하는 괴물들은 그가 불러들인 벼락 한 방에 나가떨어졌고, 어부지리의 매력을 제대로 느낀 주변의 다른 히어로들은 땀 한방울 흘리지 않은 채 전투를 승리로 이끌었습니다. 매력남 토르는 그렇게 인간들의 마음을 장악했고, 어느덧 번개의 지배자는 토르라는 인식이 인간들의 마음속 깊이 뿌리를 내리게 되었습니다.

불행하게도 나에게는 토르와 같은 쇼맨십이 없습니다. 더욱이 이 별 저 별 옮겨 다니는 토르와 달리 지구에만 머무르는 나는 외계 생명체들과의 싸움을 겪어 본 적도 없어요. 내 상대라곤 인간들 혹은 또 다른 돌연변이들이 전부였습니다. 자연히 내가 불러오는 벼락의 위력은 토르의 그것보다 약해 보일 수밖에 없었죠. 그러나 나의 벼락과 토르의 벼락은 힘의 근원이 동일합니다. 그도 그럴 것이 토르의 고향인 아스가르드가 아닌 지구의 대기라는 환경에서 똑같이 만들어 내는 것들이니까요.

따지고 보면 그는 번개의 신이 아닌 천둥의 신이고, 그의 공격은 마른하늘에 날벼락인데 반해 나의 공격은 검은 구름과 폭풍을 동반한 것이기에 벼락 다루는 능력만 놓고 본다면 내가 그보다 한 수 위입니다. 그 옛날 그리스 로마 신화에 등장하는 살모네우스를 기억하나요? 번개를 다루는 제우스를 따라 했다가 큰 봉변을 당한 자 말이에요. 천둥이란 갑작스런 대량의 전류로 인해 생기는 파열음을 의미하니 엄밀히 따지자면 토르는 소리만을 관장하는 신입니다. 번쩍이는 백색 번개는 그의 소관이 아니란 뜻이에요. 나보다 한참이나 고령인 그가 비록 원조일지는 몰라도 지금 이 시점에서의 번개 담당자는 나, 스톰이라는 사실을 만천하에 고하는 바입니다.

앞서 나는 수증기를 **응결**시킬 수 있다고 밝혔습니다. 그런데 사실 번개를 생성시킬 구름을 만드는 입장에서는 안개를 만들어 내듯 주

⬆ 대한민국에서 관찰된 적란운.

⬆ 멕시코만에서 관찰된 적란운.

변 환경을 까다롭게 고려할 필요가 없습니다. 직접 수증기를 응결시키겠다고 사서 고생하지 않아도 된다는 뜻인데요. 내 초능력의 기본기인 '공기 분자의 흐름 제어'에만 집중하면 저절로 이뤄지기 때문입니다. 번개를 만들고 이를 벼락으로서 땅에 가져 오려면 나는 오직 한 가지, 상승기류를 만들어 지표면 근처의 따뜻한 공기를 위로 올리는 작업을 수행해야 합니다. 지표면에는 따뜻한 공기, 상공에는 차가운 공기가 위치하면 대기 상태가 매우 불안정해집니다. 격렬한 **대류현상**이 일어나게 되고 이때 적란운이 생성됩니다.

지표면에 의해 데워진 공기는 높은 고도에 있는 차가운 공기보다 밀도가 낮기 때문에 대류 현상에 의해 위로 솟구치는 건 당연한 자

엑　　　스　　　파　　　일

• 포화 증기의 온도 저하 또는 압축에 의하여 증기의 일부가 액체로 변하는 현상을 말합니다.

• 기체나 액체에서, 물질이 이동함으로써 열이 전달되는 현상입니다. 기체나 액체가 부분적으로 가열되면 가열된 부분이 팽창하면서 밀도가 작아져 위로 올라가고, 위에 있던 밀도가 큰 부분은 내려오게 되는데, 이런 과정이 되풀이되면서 기체나 액체의 전체가 고르게 가열되지요.
따뜻한 공기는 분자의 움직임이 활발합니다. 이에 반해, 차가운 공기는 분자의 움직임이 제한적입니다. 움직임이 활발하다는 건 분자 간의 거리가 멀다는 걸 의미하고, 서로의 거리가 멀기 때문에 공기의 밀도는 작아지게 됩니다. 밀도가 낮으면 같은 부피 내에 존재하는 분자의 수가 적기 때문에 상대적으로 가볍고, 낮은 밀도의 공기(차가운 공기=무거운 공기)는 높은 밀도의 공기(따뜻한 공기=가벼운 공기)보다 아래쪽에 존재하게 됩니다.

연의 이치입니다. 하늘로 치솟은 따뜻한 공기는 이내 중력의 기운이 미약해져 기압이 낮아지게 되고, 이와 더불어 부피가 팽창하게 되지요. 짓누르는 힘(압력)이 약해지니 부피가 늘어날 수밖에 없습니다.

그런데 이때 놀라운 일이 벌어집니다. 갑작스런 부피 팽창으로 인해 공기의 온도가 뚝 떨어져 버린 거예요. 부피를 늘리기 위해 내부에서 에너지(연료)를 자급자족했다고 생각하면 이해하기 쉬울 겁니다. 의도치 않은 곳에 연료를 써 버렸으니 이제 어느 정도의 추위는 감수해야 합니다. 수증기를 포함한 공기의 온도가 낮아졌으니 말입니다. 외부에 직접 열을 빼앗기지도 않았는데 온도가 감소하는 것과 동시에 부피가 늘어나 버린 현상을 두고 언제부턴가 인간들은 '단열 팽창'이라 부르기 시작했습니다. 뭐 먹은 것도 별로 없는데 갑작스럽게 살이 쪄서 기분이 급 다운된 상황에 빗대어 볼 수 있겠네요. 열을 흡수하지도 않았는데 부피가 늘어났고, 그와 동시에 내부의 온도가 훅 떨어진 상황이니 말입니다.

만약 이때의 온도가 수증기가 뭉치기 시작하는 온도, 즉 이슬점보다 낮아지면 수분 입자들은 응결하게 되고, 덩어리가 커진 물방울들은 하늘 높은 곳에서 태양빛을 산란시킵니다. 그 결과 우리가 구름이라 표현하는 물방울 집합체가 만들어지는 것이지요.

나는 지표면의 공기를 위로 올려놨을 뿐인데, 자연은 자기가 알아서 구름을 생성하곤 했습니다. 하지만 성격 급한 내 동료들은 그것으로 만족하는 법이 없었어요. 번개를 얻기 위해서는 구름층이 더욱 두꺼워져야 한다는 사실을 잘 알고 있었던 그들은 나를 닦달했고 결국

🔺 구름 사이에서 일어나는 번개(오스트레일리아 빅토리아주).

🔺 구름과 지표사이에서 발생한 낙뢰(알링톤, 버지니아)

나는 끊임없이 내 눈을 흰자로 뒤덮어야 했습니다.

그들의 성화에 못 이겨 만들었던 두꺼운 구름층. 인간들은 수직으로 높게 쌓인 구름에게 적란운, 쎈비구름 혹은 소나기구름이라는 여러 이름을 선사했고, 이 구름은 감사의 표현으로 내 돌연변이 동료들을 포함한 인간들이 원하는 번개를 만들게 되었습니다.

구름층에 존재하는 무수히 많은 물방울들과 얼음알갱이들. 이들은 비어 있는 공간을 헤집고 다니며 자신의 몸을 음전하(-전하)로 대전시켰습니다. 나머지 공기 분자들은 전자를 빼앗겼으니 응당 양전하(+전하)로 변했고, 음전하와 양전하를 띤 각각의 입자들은 본인의 밀도에 맞는 위치를 찾아갔지요.

구름층을 통틀어 살펴볼 때 상대적으로 높은 밀도의 물방울들(음전하로 대전)은 아래쪽에, 낮은 밀도의 공기 입자들(양전하로 대전)은 위쪽에 점점 쌓여 가는 구조입니다. 우리에게 단지 눈이 수북하게 덮인 산 정도로 보이는 구름도 사실 무수히 많은 입자들의 이중층(음전하층과 양전하층)이었던 것입니다. 그런데 쌓이는 전하량이 점점 많아지면 어떻게 될까요? 양전하층과 음전하층 사이에 수억 볼트(volt)의 전압차가 만들어질 무렵, 빠지직! 빠지직! 여기저기서 전자의 흐름이 생겨날 수밖에 없고 이들은 수만 암페어(ampere)의 전류가 되어 각종 전자기파를 방출하게 됩니다. 우리의 눈은 그중에서 가시광선들만 받아들여 새하얀 빛으로 인지하는데요. 이때 발견되는 지그재그 형태의 백색광을 '번개'라고 불렀으며 지표면으로 도달하는 번개를 '벼락'이라 칭했습니다. 다시 말해, 벼락은 번개의 한 종류이자 구름과 지면 사이의 방전 현상을 일컫는 말인 셈입니다.

벼락 공격의 공략법

내가 다루는 번개 이외에도 자연에는 많은 방전 현상들이 존재합니다. 건조한 겨울철, 스웨터에서 빠지직거리는 정전기부터 밤하늘을 오색찬란한 빛의 커튼으로 드리우는 오로라까지 지구가 생겨난 그 순간부터 이 행성은 수없이 많은 방전 현상들을 겪어 왔습니다. 그 덕분에 태초의 무기물들은 아미노산으로 다시 태어날 수 있었습니다. 즉 무기물들 한가운데 방전이 일어난 덕분에 유기물(아미노산)이 탄생했다는 뜻인데요. 이 과정에서 무기물이 유기물로 바뀐 것입니다. 물론 유기물의 탄생에 얽힌 여러 가설들 중 하나이지만, 나는 충분히 가능한 시나리오라고 믿고 있습니다. 그와 더불어 수억 년이 지난 지금 방전 현상의 가장 큰 수혜자는 나, 바로 스톰이 되었습니다.

'방전(discharge)'이란 대전된 물체가 자신이 갖고 있던 전하를 잃어버리는 과정을 의미합니다. 번개 역시 한동안 머물러 있던 음전하 혹은 양전하들이 제자리를 벗어나는 현상이니 방전이라 불릴 수밖에 없는데요. 일상에서 익숙하게 접하는 현상이었음에도 불구하고 갑작스런 소리와 눈부신 빛이 동반된다는 이유로 예로부터 인류는 방전 현상에 종교적인 믿음을 부여해 왔습니다. 화가 잔뜩 난 하늘이 내리는 천벌이라는 믿음과 더불어 뾰족뾰족한 교회 탑 꼭대기 혹은 배의

🔺 바다에 떠 있는 배에서 빛나는 엘모의 불꽃.　　🔺 비행기 조종석 안에서 관찰한 엘모의 불꽃.

- 충분히 많은 전계가 일반적으로 절연성 매체를 통해 이온화된 전기 전도성 채널, 공기, 다른 가스 또는 가스 혼합물을 생성할 때 발생하는 급격한 전기 방전을 말합니다. 마이클 패러데이는 이 현상을 "일반적인 전기 방전에 빛이 비치는 아름다운 섬광"이라고 묘사했습니다.

- 뾰족한 금속 물체(도체)의 주변에서 발생하는 방전입니다. 도체 주변의 공기가 부분적으로 전도성을 띠면서 발생합니다.

돛대에서 피어나는 원인 모를 푸른 불빛이 하늘의 계시라고 생각했던 것입니다. 단적인 예가 바로 '세인트 엘모(성 에라스무스)의 불'입니다. 지중해 지역에서는 전자의 밀도가 높은 곳(뾰족한 물체)에서 방전되어 발생한 빛을 두고 열네 사람의 성인 가운데 한 명이자 뱃사람들의 수호성인이었던 에라스무스가 가호를 내리는 것이라 믿었다고 합니다.

　글쎄요. 믿어야 한다고 주장하면 못 이기는 척하겠지만, 이것이 천벌이 아닌 **불꽃 방전**(spark discharge)이며, 성인의 가호가 아닌 일종의

코로나 방전(corona discharge)이라는 사실을 말해 주는 것이 그들의 앞날을 위해 도움이 될 것입니다. 번개로 대표되는 불꽃 방전과 세인트 엘모의 불로 대표되는 코로나 방전. 얼핏 영험해 보일지 몰라도 이들은 고전압이 걸려 있다는 증거이므로 절대 가까이해서는 안 됩니다.

어디 전압과 전류뿐이겠습니까? 내가 눈을 뒤집어 깔 때마다 등장하는 불꽃 방전은 불꽃(spark)의 내부 온도가 무려 27000도를 넘나든다고 알려져 있습니다. 태양 표면 온도의 4배 이상이라고 한다면 느낌이 오나요? 극고온으로 인해 주변 공기가 급격히 팽창하고 이때 하늘을 찢어내는 듯한 소리가 들리는데 그것이 토르가 관장하는 소리의 정체입니다. 나는 번개를 관장하는 제우스와 같은 존재, 토르는 천둥소리를 주로 다루는 뻥튀기 기계 같은 존재라는 점을 다시 한 번 짚고 넘어가면 좋겠습니다.

내 공격의 가장 큰 위험성은 '절대 피할 수 없다'는 데 있습니다. 말 그대로 눈 깜짝할 사이에 벌어지는 공격이죠. 눈꺼풀을 깜빡이는 타이밍에 스파크가 번쩍인다면 언제 왔다갔는지조차 알 수 없으니 말입니다. 과연 이러한 '속성 공격'을 피할 수 있는 자가 우주에 몇이나 될까요? 공격이 시작된 순간, 이를 인지하고 피하는 것보다 엄마 뱃속으로 다시 들어가 다른 존재로 태어나는 것이 빠를지도 모릅니다. 기왕 다시 태어날 거라면 감마선을 볼 수 있는 돌연변이가 좋겠지만요!

새하얀 빛을 방출하는 스파크가 생성되기 직전, 다량의 감마선이 방출되는데요. 눈에 보이지 않는 번개라 하여 일명 '검은 번개'라고 부릅니다. 만약 가시광선(대략 400~700나노미터 파장대)보다 파장이 짧은 영역의 빛, 특히 감마선(0.01나노미터 이하의 파장대)을 볼 수 있는 돌연변이가 태어난다면 그는 분명 내 공격을 피할 수 있는 유일한 생명체일 것입니다. 방사선의 일종인 감마선을 받아들일 용기 있는 자가 나타날지는 의문이지만, 말도 되지 않는 우연들이 겹겹이 쌓인다면 불가능한 일만은 아닐 거예요. 검은 번개의 실체를 파악했던 그 순간처럼 말입니다.

2006년 10월의 어느 날, 과학계에는 말도 되지 않는 세 번의 우연이 동시에 찾아왔습니다. 번개가 치는 찰나의 순간을 우연히 카메라에 담은 인공위성, 근처를 날고 있던 또 다른 인공위성에는 감마선 측정 장비가 실려 있었고, 3000킬로미터 떨어진 곳에는 우연히 그 순간의 전파 방출을 기록해낸 미국 듀크 대학교의 전파 수신기가 있었습니다. 종류가 다른 세 대의 장비가 '우연히' 같은 번개를 잡아낸 것이죠. SBS의 장수 프로그램 〈세상에 이런 일이〉 혹은 MBC의 〈서프라이즈〉에나 나올 법한 사건이었습니다.

옛말에 "우연이 겹치면 인연"이라고 했습니다. 검은 번개의 실체가 밝혀진 건 우연이 아닌 운명이었고, 덕분에 내 공격을 피해갈 수 있는 생명체가 탄생하게 되는 계기가 마련될지도 모릅니다. 과학 기술이 발전하듯 우리 돌연변이의 능력 또한 점차 진화하게 될 테니 앞으로의 싸움은 분명 지금의 수준보다 한 차원 업그레이드될 게 분명합니다.

돌연변이여 영원하라

희망 업무

앞서 언급했듯이 나는 다음 세대들이 지금보다 밝은 미래를 맞이하길 바랍니다. 하지만 남들처럼 가만히 앉아 바라기만 하는 건 내 성격에 맞지 않을 뿐더러 이미 많은 이들이 하는 행동이니 굳이 나까지 동참할 필요는 없다고 생각해요. 나는 그들의 인생 선배로서 평범한 인간들과 대등하게 살아가는 법을 가르치고 싶습니다.

물론 나에게 그러한 자격이 있는지 여부는 인사팀 내부에서 충분히 파악할 것입니다. 그 판단은 전적으로 당신들에게 달려 있으니 내가 아무리 어필한다 한들 소용이 없겠지요. 어쩌면 이력서를 받아 든 순간 이미 나에 대한 합격 여부가 결정되었을지도 모릅니다.

만약 나의 미래가 결정되지 않았다면 인간 세상과의 교감을 끊임없이 원하고 바랐던 이 스톰에게 돌연변이들의 교화를 맡겨 보면 어떨까요? 나와 함께하는 미래는 좀 더 따뜻할 것이라 믿어 의심치 않습니다.

장래 포부

나는 회사에서 절대 없어서는 안 되는 중요한 인재가 되고 싶습니다. 설령 내가 원하지 않는 곳에 배치되더라도 내 의지는 꺾이지 않을 것입니다. 좌절하지 않을 것이며, 다른 회사로 이직할 생각도 없습니다. 혹시 나의 지금 발언으로 인해 모두가 기피하는 부서에 배정되는 게 아닌가 살짝 걱정되지만, 나는 그 또한 내 운명이라 받아들일 각오가 되어 있습니다. 합격만 된다면 무슨 일이든 못하겠습니까?

심지어 나는 회사의 절세에 기여할 수도 있습니다. 친환경 에너지의 대표 주자인 풍력에너지를 통해 전기를 생산할 수 있으니 발전 설비를 포함한 기본적인 장비만 준비된다면 이 한 몸 회사를 위해 기꺼이 내줄 수 있습니다. 지구 온난화로 인해 최근 몇 년간 지구의 풍속이 빨라졌다는 뉴스가 연일 매스컴을 뜨겁게 달구고 있는 지금, 풍력에너지의 자체 조달이 가능한 나를 뽑는다면 회사의 영업 이익은 나날이 늘어날 것이며, 친환경에너지 업계의 부러움을 한 몸에 받게 될지도 모릅니다. 10년 뒤 나의 모습은 아마도 일과 시간에는 미래를 위한 교육에 힘쓰고, 퇴근 후 저녁 시간에는 현재의 절세를 위한 바람을 불러일으키는 일당백의 직원 모습일 것 같습니다.

수험표

성명	밴시
특징	음파 변환

음파 변환의 절대 능력자
밴시

SCENE 01

범죄자에게만 들리는 목소리!

아일랜드를 넘어 전 세계를 수호하라

내 이름은 션 캐시디, 현재는 아일랜드 전설 속 등장하는 요정의 이름을 차용하여 '밴시'라는 닉네임을 쓰고 있습니다. 대한민국의 마스코트가 도깨비라면, 밴시는 아일랜드를 대표하는 캐릭터죠. 내가 지니는 이름의 무게만큼 원작에서는 중요한 역할들을 맡아 왔지만, 왠지 모르게 스크린상에서는 한없이 초라하게 비춰지고 있습니다.

사실 〈엑스맨: 퍼스트 클래스〉(2011)의 매튜 본 감독이 왜 유독 나를 원작과 다른 모습으로 등장시켰는지 잘 이해할 수 없습니다. 국제형사경찰기구로 알려진 인터폴 소속의 형사라는 내 직업이 마음에 들지 않았던 걸까요? 직업적인 촉이 곤두서긴 하지만 심증뿐인 관계로 의심은 이쯤에서 접으려 합니다.

⬆ 아일랜드 전설에 등장하는 밴시(토마스 크로프튼 크로커, 1825)

나의 아내였던 메이브 루크는 지금 하늘나라에 있습니다. 나의 사랑하는 아내, 메이브 루크! 나는 그녀에게 씻을 수 없는 죄를 지은 죄인입니다. 형사 일이 바쁘다는 핑계로 가정에 충실하지 못했고, 그녀가 테러리스트의 손에 숨을 거두는 그 순간에도 나는 그녀 곁을 지키지 못했습니다. 또한, 인터폴의 빌어먹을 비밀 임무 때문에 내 혈육이 태어났다는 사실조차 모르고 있었죠. 뒤늦게 알게 된 아이의 이름은 테레사. 정말 어여쁜 딸내미였습니다. '사이린'이란 이름의 뮤턴트로 활동하던 내 아이를 나는 한참이 지나서야 만날 수 있었고, 나는 그제야 내 운명이 바른 길로 들어서게 되었음을 알게 됐습니다. 많이 늦긴 했지만 나는 이후 내 가족을 위한 삶을 살고 있습니다(블랙 톰 캐시디라는 사촌이 한 명 있지만, 나와 사이가 그다지 좋지도 않을 뿐더러 직계가족이 아닌 관계로 소개하지 않겠습니다).

부유한 가정에서 태어난 나는 아일랜드의 일부 영토와 성까지 물려받았을 만큼 유복한 어린 시절을 보냈습니다. 주변의 돌연변이 동료들과 달리 학교도 착실히 다녔고, 심지어 대학까지 졸업했어요. 이 공계에 발을 담그고 있었기에 나름대로 과학도로서의 역할을 충실히 해 나가고 있었습니다.

지금 와서 생각해 보면 내 가방끈이 쓸데없이 길어진 탓에 내가 비극적인 운명을 맞이했던 것 같습니다. 이후 인터폴에 입사하게 되었고 인생의 첫 단추가 완전 잘못 꿰어졌으니 말이에요. 시간을 되돌릴 수만 있다면 나는 공부 따윈 하고 싶지 않습니다. 아무 생각 없이 늘려 놓은 내 가방끈에 그동안 이리 걸리고 저리 걸리던 세월이 얼마나 아까운지 모릅니다. 만약 나에게 그런 기회가 주어진다면 나는 내 초능력을 앞세워 보다 행복한 삶을 살아갈 것입니다. 공부를 해야만 편안한 인생을 설계할 수 있다는 설교 같은 것은 더는 내 마음을 움직이지 못합니다.

인생을 새롭게 시작하고 싶어요

이 회사는 나 같은 돌연변이들에게 천국이자 우리들이 행복하게 지낼 수 있는 유일한 공간입니다. 이것이 나만의 생각은 아닌 듯합니다. 온갖 마음의 상처를 갖고 있는 수많은 이들이 하루에도 몇 통씩 이

력서를 들이밀고 있는 현실만 보더라도 나의 믿음은 사실일 가능성이 무척 높습니다.

나는 모니터에 이력서 양식을 띄워 놓고 며칠간 고민했습니다. 이 회사의 매력이 무엇이기에 다른 이들이 들어가겠다고 안달인 걸까? 생각하면 할수록 답은 하나로 귀결되었죠. 드디어 남은 하나의 정답, 그것은 바로 새로운 삶을 살 수 있다는 '희망'이었습니다.

듣자 하니 이 회사의 직원 채용 기준은 '돈을 잘 벌어다 줄 것 같은 사람'이 아닌 듯합니다. 다른 회사들이 직원을 부속품으로 여겨 부려먹을 때 이곳의 대표는 부속품에게 따뜻한 말을 건넸고, 그들의 행복한 삶을 위해서 지원을 아끼지 않았다고 하더군요. 대표가 누군지는 모르겠으나 그는 분명 더 나은 사회를 꿈꾸는 인물인가 봅니다. 돌연변이의 능력만을 보는 것이 아닌 속마음을 들여다볼 수 있는 현자이며, 그들이 가져다 줄 미래를 내다보는 천리안이 있는 게 분명합니다.

나는 이곳에서 내 인생의 2막을 열고 싶습니다. 이용만 당하던 예전의 모습은 잊고 주체적으로 살고 싶어요. 물론 나에게도 양심이 있는 만큼 무턱대고 뽑아 달라고 생떼를 부리지는 않을 겁니다. 다만 내가 갖고 있는 능력을 최대한으로 어필할 계획입니다. 혹시라도 나를 뽑고 싶다는 마음이 생긴다면 주저하지 말아 주세요. 나는 지금 이 순간 회사가 내밀어 주는 손을 간절히 기다리고 있습니다.

작은 일에 충실하라

나는 가정을 등한시한 대가로 파멸이라는 천벌을 받았습니다. 그로인해 오랜 세월 가슴이 아팠지요. 이성을 잃어버린 나에게 악마들의 손길이 찾아오는 건 어찌 보면 당연한 순서였을 겁니다.

그러던 어느 날 테레사라는 이름의 딸이 나타났습니다. 내 아내가 지어 준 이름이었을 테죠. 마더 테레사처럼 남을 위해 살아가라는 의미였을지, 아니면 나중에 만나게 될 아빠에게 교훈을 주기 위해서였을지 그것은 잘 모르겠습니다. 테레사 수녀가 남긴 수많은 말들 중 하나가 내 가슴을 강하게 때렸으니 바로 이것입니다. "사랑은 가장 가까운 사람, 가족을 돌보는 것에서부터 시작된다."

나는 내 딸을 만나고부터 항상 이 문구가 적힌 쪽지를 지갑에 넣어 다닙니다.

음파 지배자 밴시

내 목소리는 초음파 영역에 있습니다

나는 소리를 잘 다룹니다. 음파의 파장과 세기를 조절하는 능력이 탁월하기에 이를 활용한 공격법과 방어법이 내 능력의 주를 이루지요. 아니, 솔직히 말하면 그것이 능력의 전부입니다.

나에게 목소리란 의사 전달만을 위한 수단이 아닙니다. 내 속마음을 겉으로 드러내 주변인들의 행동 변화를 이끌어 내려는 평범한 목적 이외에도 주변 환경 자체를 변화시키고자 하는 독특한 목적도 갖고 있습니다. 그 덕분인지 성대의 떨림 역시 남들처럼 둔하지 않습니다. 인류 역사를 통틀어 몇 명의 소프라노들이 소리가 만들어 낸 **공명 현상**으로 유리잔과 창문을 깨뜨렸는지는 몰라도, 나는 그들보다 한 수, 아니 적어도 다섯 수 정도는 위일 것이라고 확신합니다. 그들

'울림'이란 뜻으로, 특정 진동수(주파수)에서 큰 진폭으로 진동하는 현상을 말합니다. 이때의 특정 진동수를 공명 진동수라고 하며, 공명 진동수에서는 작은 힘의 작용에도 큰 진폭 및 에너지를 전달할 수 있습니다. 모든 물체는 각각의 고유한 진동수를 가지고 진동하며 이때 물체의 진동수를 고유 진동수라고 합니다.

이 나와 같은 종류의 뮤턴트, 성대의 특징을 좌우하는 유전자가 변이를 일으킨 경우라면 또 모르지만요. 제아무리 뛰어난 고음 전문가라고 해도 혹 그 능력이 돌고래나 박쥐에까지 못 미친다면 나와는 비교 자체가 불가합니다. 그들을 직접 만나 본 적이 없으니 확실히 말할 수 없지만 적어도 내가 공부한 과학 지식에 의하면 그렇습니다.

몇 해 전이었습니다. 누군가 나에게 독특한 질문을 하나 던진 적이 있습니다. 전공으로서 이공계를 택한 이유가 무엇이냐는 질문이었지요. 그 또한 당신들처럼 어느 그룹의 인사 담당자였던 모양입니다. 대학 진학을 목표로 공부하던 모습들이 주마등처럼 스쳐 지나갔어요. 나는 나 자신에게 물었습니다.

"션, 너는 왜 과학을 공부하기로 마음먹었니?"

분명 나의 선택이었지만 쉽사리 대답이 나오지 않더군요. '과학이 재미있어서'라는 뻔한 대답을 내뱉으며 대충 얼버무린 뒤 나는 그곳을 황급히 떠났습니다. 사춘기 즈음하여 얻어진 내 능력이 좀 더 일찍 나에게 나타났다면 내 미래는 어떻게 바뀌었을까요? 모르긴 해도 아마 음대 성악과에 진학했을 것입니다. 남들에 비해 음감은 떨어질지 모르나 남성과 여성의 음역 대를 넘나드는 전설적인 성악가가 되었을 것입니다.

그러나 한편으로는 그러한 삶에 만족하지 못했을 것이란 생각도 듭니다. 인간이 들을 수 있는 파장 영역이 고작 20~20000헤르츠(Hz)가 전부인데 내 목소리는 이를 훨씬 넘어서는 초음파의 영역이기 때문입니다. 성악가가 되었다면 능력의 일부만 써도 환호를 받았을 테니 머지않아 삶에 회의를 느꼈을 테고, 방황을 거듭하다가 지금처럼 뮤턴트 세계에 다시 발을 들여놓았을 게 분명해요. 내 능력을 단지 노래하는 데에만 쓴다니! 생각만 해도 아찔합니다.

내 능력은 일반인의 수준을 넘어선 '초'능력입니다. 내가 활용 가능한 소리의 영역도 인간이 들을 수 있는 음파를 넘어 '초'음파까지 확장되니 나는 어지간해서는 돌연변이 세계를 벗어날 수 없는 운명인가 봅니다. 또한 나는 과학을 전공할 수밖에 없는 운명이었어요. 소리에 관한 과학 이론들을 알지 못했다면 내가 어찌 음파를 이용한 공격과 방어법을 깨우칠 수 있었겠습니까?

사람들은 나에게 묻곤 합니다. 초음파 대역의 목소리를 내는 느낌이 어떤가 하고 말이에요. 또 다른 이들은 초음파 대역의 소리를 듣는 기분이 어떠한지 묻습니다. 제가 하는 대답은 이렇습니다. "단지 남들보다 성대를 좀 더 쥐어짰을 뿐이니 아무 느낌 없고, 내 귀는 남들과 동일하며 일반적인 고막을 갖고 있어 내 목소리를 들어본 적 없다"고 말입니다.

초인적인 능력을 보유한 건 오직 성대밖에 없기에 작정하고 고음을 내지르면 나 또한 내 목소리를 들을 수 없는 지경에 이릅니다. 내 목소리를 듣지 못한다고 해서 안쓰러워할 필요는 없어요. 또한 내가 1초에 20000번 이상 성대를 떨 수 있다고 해서 부러워할 필요도 전혀 없습니다. 본인이 처한 상황과 부여된 능력의 한도 내에서 만족하고 살면 그만 아닌가요?

따지고 보면, '소닉 스크림'이라 불리는 '음향 효과'가 내 귀에 들리지 않기 때문에 나는 맘껏 내지를 수 있었고, 그 덕분에 지금의 명성을 얻게 된 것일 뿐입니다. 만약 내 고막의 능력이 돌고래와 박쥐의 수준에 도달했다면 나는 지금껏 제정신으로 살아가지 못했을지도 모릅니다. 소닉 스크림에서부터 파생된 기술이 얼마나 대단하기에 내가 이리도 확신에 차 있는지 지금부터 하나씩 알려드리겠습니다.

소닉 스크림의 위력과 한계

우리의 청각은 20~20000헤르츠의 가청 영역을 자랑합니다. 즉, 진동수가 초당 20000회를 넘어서는 초고음은 들을 수 없으며, 이와 반대로 진동수가 초당 20회 이하의 초저음 역시 들리지 않는다는 것을 의미하죠. 다시 말해 20헤르츠 이하와 20000헤르츠 이상의 진동수를 갖는 음파로 공격을 퍼붓는다면 제아무리 예민한 고막의 소유자라 할지라도 인지가 전혀 불가능하다는 뜻입니다.

사실 소리가 갖는 진정한 위력은 '공진(共振)', 다시 말해 음파의 진동수를 특정한 진동수로 맞췄을 때 비로소 드러납니다. 소리가 진행되는 방향에 어떤 물체가 놓여 있고, 그 물체의 고유 진동수와 우연히 같은 값을 갖고 있다면 소리는 그야말로 가공할 만한 위력을 보일 수 있습니다.

유리는 그 재질과 두께에 따라 낮게는 수백 헤르츠에서 높게는 수천 헤르츠의 고유 진동수 값을 갖습니다. 나와 같은 돌연변이가 아닌 보통의 평범한 인간들도 마음만 먹고 덤벼들면 이 정도의 음파는 충분히 내뱉을 수 있다는 사실을 감안하면 유리잔 깨뜨리는 일 정도는 그리 큰 노력을 필요로 하는 대업이 아니지요. 그러나 동서남북 전 방위가 아닌 오직 원하는 방향으로만 소리를 모아 전파시킬 수 있다면 그 위력은 더욱 극대화될 것이며, 일렬로 줄 지어 있는 유리잔들도 연속으로 깨부술 수 있을 겁니다.

그런데 과연 빛도 아닌 소리를 한 방향으로만 모아 진행시키는 것이 가능할까요? 놀라운 일이지만 가능합니다. 그것도 아주 단순한 방법으로 이뤄 낼 수 있어요. 사자성어 중에 많으면 많을수록 좋다는 뜻의 '다다익선(多多益善)'이란 표현을 차용하자면 '고고익선'쯤 되겠군요. 높으면 높을수록 좋다는 말입니다. 무엇이 높은 게 좋으냐고요? 그야 물론 '음의 높이'입니다.

초당 20000회 이상 진동하는 초음파 대역으로 넘어가면 이는 전자기파의 한 종류인 라디오파(radio wave, 수백~수백만 헤르츠)와 유사한 진동수를 보이는데요. **횡파**냐 **종파**냐를 논하기에 앞서 진동수 자체만으로 평가한다면 그들의 사촌쯤 될 것입니다.

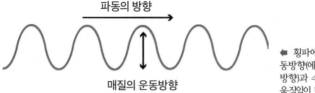

파동의 방향

매질의 운동방향

◀ 횡파에서는 파동의 이
동방향(에너지가 전달되는
방향)과 수직으로 매질의
움직임이 나타난다.

파동의 이동방향

파장

◀ 종파에서는 매질의 진
동(움직임)이 파동의 방향
과 일치한다.

엑	스	파	일

진행하는 방향으로 흔들리는 파동은 종파, 진행하는 방향과 수직으로 흔들리는 파동은 횡파로 정의합니다. 물살과 동일한 방향으로 몸을 구부렸다 펴는 행동은 종파의 형태, 허우적대며 물 위로 머리를 내밀었다가 숙이는 행동은 횡파의 형태로 볼 수 있습니다.

즉, 음파의 진동수가 커지거나 혹은 음의 높이가 높아질수록 전자기파라 통칭되는 빛과 유사한 특성을 보인다는 뜻입니다. 그 특성이라 함은 바로 '직진성'인데요. 부채꼴 모양으로 퍼져나가기 좋아하는 음파가 진동수가 커짐에 따라 자신의 부채를 슬슬 접는다고 보면 이해하기 쉬울 것입니다. 내가 고음, 초고음, 초초고음, 초초초고음을 내지를수록 점점 빛의 직진성에 근접한다는 말이지요. 진동수가 10000헤르츠를 넘어서면서부터 서서히 고개를 들기 시작하는 음파의 직진 특성은 50000헤르츠 정도 되면 이미 매우 뛰어난 수준에 이른다고 알려져 있습니다.

이러한 직진성은 내가 얼마나 성대를 쥐어짜는지에 달려 있지만, 솔직히 말해서 빛처럼 완벽한 직진성을 갖도록 만드는 건 불가능합니다. 음파라는 것이 빛과는 달리 매질을 진동시켜 얻어지는 것이다 보니 주변으로 퍼지는 게 자연스러운데요. 사이클롭스의 옵틱 블라스트처럼 끝 모르고 쭉쭉 뻗어나가게 만들 수 없으니 문제입니다. 더욱이 결정적으로 내 소닉 스크림의 초음파 버전은 공기 중에서는 쥐약이에요. 태생적으로 내 목소리가 커서 그나마 위력적인 것이지 따지고 보면 나처럼 공기 중에 초음파를 쐬대는 정신 나간 이가 세상 어디에 있을까요? 물속이라면 모를까!

아는지 모르겠지만 매질에는 저마다 '음향 저항(acoustic impedance)'이라는 특성이 있습니다. 이는 매질의 밀도와 큰 상관관계를 보이기 때문에 분자들이 빽빽하게 존재하는 고체와 액체는 값이 크고, 상대적으로 분자들이 드문드문 존재하는 기체는 그 값이 매우 작습니다. 물과 공기를 비교할 때 각각의 음향 저항 값은 무려 3850배나 차이가 납니다. 한마디로 음파의 전달력은 공기 중에서 크게 떨어지는데, 이는 나의 무모함을 설명하는 지표로 활용될 수 있습니다.

나를 비웃는 이들의 모습이 눈에 선하군요. 주인을 잘못 만난 내 성대를 불쌍하다고 여길지도 모릅니다. 이 모든 걸 알고 있음에도 불구하고 허구한 날 공기 중에 소리나 빽빽 질러대는 내가 그들에게 얼마나 한심해 보일까요? 그들의 입장에서 볼 때 나는 내 성대의 능력을 1/3850밖에 이용하지 못하는 멍청이일 뿐입니다. 속상하지만 반박의 여지가 없으니, 인정하겠습니다.

하지만 폐로 호흡하는 나는 단 한 순간도 공기의 늪에서 벗어날 수 없으니, 사실 달리 방법이 없습니다. 잠수복을 입고 몇날 며칠 물속을 누빈다 한들 나와 함께할 이가 누가 있겠습니까? 옆 동네 DC 코믹스의 상남자 '아쿠아맨'이 아닌 이상 나는 욕을 먹으면 먹었지 외로움을 자처할 수는 없습니다. 노파심에서 하는 말인데, 혹시라도 회사에서 나의 채용을 핑계 삼아 물속으로 보내려는 꿍꿍이를 품고 있다면 지금 곧장 포기하는 게 좋을 겁니다. 차라리 지원자가 하나도 없는 오지에 주재원으로는 갈 수 있지만 말이에요. 부디 나를 회사에 대한 충성심이 없는 사람으로 낙인찍어 '광탈'시키지 말아 주세요.

아직 나에게는 언급하지 않은 비장의 카드가 남아 있습니다. 그 카드는 가청 영역을 넘어서는 초음파 영역이 아닌 정반대 방향, 20헤르츠 이하의 초저주파 영역에 있어요. 그에 얽힌 옛날이야기 하나를 들려 드리면서 내 능력의 잠재성을 살짝 언급해 보겠습니다. 매그니토로 잘 알려진 에릭 렌셔에게 묻는다면 아마 들어봤다고 할지도 모르겠네요.

비장의 카드, 그 비밀을 밝혀라

극악무도한 무기

때는 바야흐로 제2차 세계대전이 한창이던 1939년부터 1945년. 장소는 독일 나치군의 진영입니다. 악랄하기로 소문난 그들은 난다 긴다 하는 여러 과학자들을 불러 모아 온갖 신무기를 개발하고 있었습니다. 수세에 몰리던 전쟁 막바지에 이르자 그들은 자신들의 신무기를 총동원하기로 결심합니다. 하지만 무기들 중 일부는 미처 소개되지 못한 채 전쟁은 마무리되었고, 연합군의 리더 미국은 이 무기들을 수거해 갔습니다. 그러던 중 그들의 눈에 발견된 이색 무기가 하나 있었으니, 바로 '사운드건(Sound gun)'입니다. 이른바 '음파 대포'였습니다.

귀에 들리지 않는 초저주파를 발생시키는 일종의 스피커인 이것은 엄청난 덩치를 자랑하는 것과 더불어 유효 살상 사거리는 50미터

⬆ 2차 대전 때 연합군이 노획한 독일군의 음파대포.

⬆ 미 해군에서 사용하는 장거리 음파 송신기.

밖에 되지 않는 초근접 무기였습니다. 비록 먼 거리까지는 효과가 전해지지 않는다 해도 단거리에서는 살상 능력이 엄청났던 것 같아요. 일각에서는 보통의 대포들보다 잔인하다는 평이 줄을 이었습니다.

추측컨대 인체의 부위별 고유 진동수(수~수십 헤르츠)에 맞는 음파 공격을 퍼부어 **공진(resonance)**을 이끌어내고자 하는 목적하에 제작됐을 테니, 사정거리 내에 있는 적군은 물리적인 직접 타격이 없었다고 해도 모두 무차별적인 황천행을 면하지 못했을 겁니다.

그런데 놀라운 것은 이 극악무도한 무기가 개시되지도 못한 채 폐기되어 버렸다는 사실이에요. 왜일까요? 위의 문장을 다시 한 번 들여다봅시다. '무차별적인 황천행'이라는 바로 이 부분입니다. 진동수가 낮아 직진성은 없으니, 공격은 360도 전방위, 그리고 3차원적으로 뻗어나갈 수밖에 없습니다. 반지름 50미터의 구를 그려 볼 때 그 영역 안에 있는 생명체는 적군과 아군을 가리지 않은 채 모조리 타깃으로 지정된다는 의미죠. 방향성도 없는 초저주파 따위가 설마 사람 가려가며 공격하겠습니까? 열과 성을 다해 개발했다 한들 무슨 의미가 있을까요? 실제 사운드건이 장착된 탱크 안에 있던 군인들은 남을 공격하는 동시에 자신들 역시 희생양이 되었다고 전해집니다. 나치의

| 엑 | 스 | 파 | 일 |

특정 진동수를 가진 물체가 같은 진동수의 힘이 외부에서 가해질 때 진폭이 커지면서 에너지가 증가하는 현상입니다. 어떤 작업을 할 때 같은 생각을 가진 두 사람이 힘을 합치면 시너지효과가 나는 것 같은 현상이라고 이해하면 됩니다. 2011년 여름 서울 테크노마트에서 벌어진 일이 한 예인데요. 수십 층짜리 건물에 있는 헬스장(12층)에서 십 수 명의 사람들이 박자를 맞춰 발을 구르며 운동을 했더니 20층 이상에서 건물이 부르르 떨리는 게 감지되었습니다. 1850년에 발생한 프랑스 앙제다리 붕괴 사고, 1940년 미국 워싱턴주에서 벌어진 타코마 다리 붕괴 사고도 공진 현상의 한 예입니다.

음파 대포는 음파의 비직선성이 만들어 낸 '자폭 장치'였던 셈입니다. 그들은 작동 자체가 불가한 무기를 만들었기에 개시할 수 없었고, 전 세계에 아이디어만 제공해 준 꼴이 되어 버렸던 것입니다.

수십 년이 지난 지금, 현대 과학자들은 스피커의 세팅을 통해 음파의 진행 방향을 한쪽으로 모으는 데 성공했으며, 직진성을 갖는 초음파까지 추가로 탑재하여 나치의 미완성 음파 대포를 한층 진화시켰습니다. 데시벨(dB)을 줄여 예전의 잔혹함은 다운시키고, 효율성을 극대화시킨 이 무기는 현재 대표적인 '비살상용 무기'로서 세계 각국을 누비고 있는데요. 대테러 작전을 위한 진압용 무기가 그 대표적인 예입니다.

이 대목에서 중요하게 생각해야 되는 건 살상용으로 충분히 활용 가능한 현대 과학 기술이 이를 비살상용으로만 사용한다는 점입니다. 목소리의 진동수와 데시벨을 자유자재로 조절할 수 있는 내가, 이공계에 깊이 발을 담가 현대 과학의 맛을 제대로 본 내가, 과연 과거의 나치보다 못할까요? 거대한 장비를 만들어야만 했던 그들과 달리 유전적인 변이를 겪은 나는 몸뚱이 하나면 충분합니다. 합격을 위한 협박은 아니니 걱정할 필요는 없지만, 내가 말하고 싶은 것은 분명합니다. 바로 유비무환(有備無患)이죠. 만약의 사태에 대비하여 나 같은 돌연변이가 하나쯤 비장의 무기로 비축해 둔다면 적어도 이 회사에 큰 힘이 되어 줄 것입니다. 인간들이 저마다 핵무기를 보유하겠다고 그 난리를 부리는 행태를 떠올린다면 쉽게 납득하실 겁니다.

예전에 몸 담았던 인터폴에서 과연 나의 과학 지식만을 필요로

했을까요? 나보다 가방 끈 긴 이들이 천하에 널렸고, 두 번의 세계 대전을 통해 각 분야의 천재들은 이미 재야에서 다 튀어나온 마당인데요? 내가 그들과 경쟁하는 게 어디 가당키나 한 일이겠습니까? 과학적인 지식으로만 보면 나는 기저귀를 막 뗀 어린아이에 지나지 않아요. 사리분별이 가능한 그들이 자신의 동료로서 나를 선택한 데는 무언가 다른 이유가 있었을 게 분명합니다.

내 음파를 상쇄시킬 수 있는 돌연변이가 나타나지 않는 한, 나는 돌연변이계의 신무기로서 이 회사를 위한 대체 불가 캐릭터임을 다시 한 번 밝힙니다.

내 공격을 피하기 위한 유일한 비법

우리가 사는 이곳 지구는 음파를 지배하는 나에게 있어 더할 나위 없이 따뜻한 곳입니다. 고체면 고체, 액체면 액체…… 음파 전달에 최적화된 높은 밀도의 매질부터 시작해 아쉬운 대로 쓸 만한 낮은 밀도의 매질인 기체에 이르기까지 이 세상은 온통 소리로 대표되는 진동에너지를 전달할 수 있는 물질로 넘쳐나거든요. 즉, 듣기 원하는 소리들(signal)은 극히 일부에 지나지 않으며 나머지 대부분은 듣기 싫은 잡음들(noise)이란 뜻이지요. 과학계에 몸담고 있는 인간들은 수많은 음파들의 집합체에서 소리(signal)가 얼마나 큰 비율을 차지하는지 수치화하기 위해 다음과 같이 아주 단순한 수식을 만들어 냈습니다.

신호 대 잡음 비율(S/N ratio)=Signal/Noise

초등 교육을 착실히 받아온 우리는 이 수식을 보고 단번에 알아 차릴 수 있습니다. "원하는 소리를 잘 들으려면 두 가지 방법을 알아야 해. 분자에 놓인 신호(signal) 수치를 높이고 분모에 놓인 잡음을 줄여야 해." 역사를 돌아봤을 때 신호 값을 올리고 싶어 하는 이들은 이어폰의 볼륨을 계속 높였고, 답답함을 참아낼 각오가 된 이들은 귓구멍에 최대한 이어폰을 밀착시켜 가며 약간이나마 잡음 값을 줄여 보기 위해 필사적으로 노력해 왔습니다.

그러나 이미 잘 알고 있는 바와 같이 소리란 진동으로부터 얻어지는 결과물입니다. 이어폰 자체가 외부의 진동에너지를 그대로 받아들여 고막으로 전달해 주는데 어떻게 막아 낼 수 있겠어요? 플라스틱 커버가 일부 진동에너지를 미량의 열에너지로 바꿔줄 뿐, 대부분의 잔여 진동에너지는 그대로 통과시켰으니까요. 어쩔 수 없이 또다시 음향의 볼륨 버튼으로 손이 갈 수밖에 없었고, 분자 값을 높이려는 끊임없는 시도들은 이내 우리의 청력을 손상시켰으며, 몇 년이 지난 뒤 우리는 이어폰 대신 보청기를 낄 운명을 맞이하는 것이지요.

그런데 이 무슨 운명의 장난일까요? 이미 습관으로 자리매김한 '분자 값 키우기' 작업은 좀처럼 우리의 곁을 떠나지 않았고, 우리는 귀신에라도 홀린 양 또다시 보청기의 볼륨 버튼으로 손을 가져가고 있으니 말입니다.

'볼륨 업'이라는 정해진 운명에 따르기 싫었던 소수의 인간들은

↑ 바람과 공명 현상을 일으켜 무너진 타코마 다리.

분자 값 증가가 아닌 분모 값 감소로 눈을 돌렸는데요. 즉 신호는 유지한 채 잡음만 줄이는 방법을 연구하기 시작한 것입니다. 그들은 이어폰에 외부 잡음의 파동과 동일한 진폭, 세기를 갖되 엑스(X)축을 기준으로 정반대로 뒤집힌 패턴의 음파를 심어 넣었습니다. 자신과 거울상의 패턴을 가진 음파를 만난 잡음들은 이내 사그라지고 '신호 대 잡음 비율'은 신호(분자 값)를 건드리지 않았음에도 커지는 효과를 얻게 되었죠. 이름 하여 '노이즈 캔슬링(noise cancelling)'입니다. 유행에 민감하고 얼리어답터를 꿈꾸는 당신이라면 한 번쯤 들어봤음직한 용어죠? 동일한 두 파동이 서로 힘을 합쳐 만들어낸 **보강 간섭**이 지금까지 이슈 몰이를 해온 공진 현상의 실체였다면, 노이즈 캔슬링 기술은 거울상의 두 파동이 만들어낸 **상쇄 간섭**의 대표적인 활용처인 셈입니다.

이 말은 무엇을 의미할까요? 솔직히 말해 만약 내 눈앞에 음파의 파동을 반사시키는 능력을 가진 돌연변이가 나타난다면, 나는 평범한 인간보다도 더욱 존재감 없는 캐릭터로 전락해 버릴지도 모릅니다. 마치 〈엑스맨: 최후의 전쟁〉(2006)의 유전자 변환 물질(큐어)을 맞은 돌연변이들처럼 말이에요. 아니, 그들은 돌연변이 능력만 빼앗긴 채 인간의 모습으로 잘 살아갔지만, 나는 그 경우와 전혀 다릅니다. 나는 디즈니의 인어공주처럼 목소리 전체를 빼앗긴 벙어리 신세가 될 게 틀림없어요. 인어공주야 등가 교환의 법칙에 따라 다리를 얻은 대가로 목소리를 잃었다지만, 나는 도대체 무슨 잘못을 했다고 이런 시련을 받아야 한단 말입니까? 생각만 해도 오금이 저리고 사지가 뒤틀립니다. 간절히 바라건대 나는 꿈에서라도 이러한 존재를 만나지 않았으면 좋겠습니다.

엑	스	파	일

보강 간섭이란 여러 파동이 겹쳐져 중첩이 일어날 때 마루는 또 다른 마루를 만나고, 골은 또 다른 골을 만나면서 파동의 크기가 더욱 극대화되는 것을 의미합니다. 바람과 공명 현상을 일으켜 무너져 내린 타코마 다리가 보강 간섭의 단적인 예입니다.

상쇄 간섭은 여러 파동이 겹쳐 중첩이 일어날 때 마루는 골을 만나고, 골은 마루를 만나면서 파동의 크기가 감소되어 진폭이 줄어드는 것을 의미합니다. 지진 방지를 위해 설계된 건축물의 댐퍼가 상쇄 간섭의 단적인 예입니다.

돌연변이여 영원하라

희망 업무

아무래도 내가 가장 잘 할 수 있고, 익숙한 업무가 좋겠습니다. 예전에 몸담고 있었던 인터폴에서의 업무가 주어진다면 누구보다 잘 해낼수 있을 겁니다.

당시 나는 내 능력을 겉으로 드러내지 않았음에도 불구하고 최고의 형사로서 이름을 날렸어요. 물론 그로 인해 쓸데없는 고생을 사서했지만 말입니다. 밤낮 없이 매일 뛰어다니는 건 기본이고, 제때에 끼니를 챙긴 기억이 손에 꼽을 정도입니다. 정말 힘들게 지냈지요. 당시의 경험들이 뼈 속 깊이 각인되어 있는 만큼 여전히 나는 눈을 감고있어도 범죄자들의 도주 경로가 훤히 보입니다. 그들의 심리 상태를파악하는 건 사실 일도 아니고요.

입사하게 된다면 나는 스파이 및 회사에 해를 끼치는 자들을 색출해 내는 업무를 맡고 싶습니다. 지금 이곳에서는 굳이 내 정체를 숨기지 않아도 되기에 이전보다 더 효율적으로 일할 수 있을 겁니다. 나의 소닉 스크림은 범죄자들의 심리를 한껏 옥죌 수 있는 최고의 도구로 쓰일 것이라 확신합니다.

장래 포부

나는 이 회사가 세계적인 그룹으로 거듭나길 바라는 사람 중 한 명입니다. 회사도 회사지만 국제적인 공조 수사가 주 업무였던 터라 더욱더 능력을 발휘할 수 있을 겁니다.

사람의 욕심이란 정말 끝이 없나 봅니다. 평범한 인간들만의 전지구적인 경찰 기구에 있었던 나는 보다 넓은 세상으로 뻗어나가길 원했고 지금의 이 채용 과정이 그 목표를 이루기 위한 첫 번째 단계라고 생각합니다.

나는 다른 돌연변이들처럼 인간 세상이 싫어서 떠나지 않았습니다. 이는 내가 인간과 돌연변이 중 어느 한쪽 편에 서지 않은 채 공정한 감찰을 해낼 수 있는 든든한 배경이 되어 줍니다. 인간 세상과 돌연변이 세상의 통합 경찰 기구가 생긴다면 내가 그들의 리더가 될 만한 적임자가 아닐까요? 배경도 탄탄하고, 경험도 풍부하고, 능력까지 출중하니까요! 이제 선택은 회사의 몫입니다.

불멸의 돌연변이
세이버투스

끝까지 살아남는 자가 진정한 승자

강하니까 돌연변이다

내 이름이 뭐였죠? 나를 만나는 대다수는 내 이름을 부르기도 전에 싸움을 거는 경우가 많아서, 그리고 나 역시 누가 내 이름 제대로 부르는 것을 들어본 적이 별로 없어서, 나조차도 이름을 잊을 지경입니다. 내 친애하는 형제는 나를 '빅터 크리드(Victor Creed)'라고 불렀던 것 같아요. 그러니까 그게 내 이름일 겁니다. 아 참, 나를 '세이버투스(Sabretooth)'라고 부르는 녀석들도 있었습니다. 지금도 살아 있는지는 모르겠지만 말입니다.

정말 놀라운 사실은 울버린이 내 동생이라는 것입니다. 사실 기억이 가물가물한 먼 옛날 일이어서 생각은 나지 않습니다. 그런데 언제부터라고 딱 짚어 말할 수는 없지만, 물론 뭔가 이유가 분명 있었을

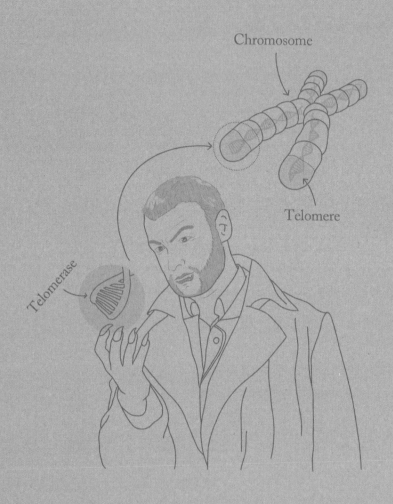

Chromosome

Telomere

Telomerase

테지만, 나는 그 녀석이 싫습니다. 아마 그 녀석도 나를 싫어하지 않을까요? 그래도 가족이라면 가족이겠지요. 만날 때마다 싸우더라도 가족은 가족이니까요. 어이없다고 생각하겠지만 그 녀석을 죽이는 게 또한 내 목표이기도 합니다.

음, 어렸을 때 일은 기억이 안 나서 내가 학교를 다녔는지 잘 모르겠습니다. 어쨌든 나한테는 특수 부대가 최고의 학교였어요. 싸우고 빼앗고 죽이는 법을 배우고 연습하고 그랬으니 말입니다. 그리고 또 매그니토를 따라다닌 시간도 아주 재미있었습니다. 사실 돌연변이가 어쩌고저쩌고 하는 이슈에는 별로 관심이 없습니다. 그가 나보다 강하고 강한 자가 모든 것을 가질 수 있다는 단순한 사실이 그저 마음에 들었을 뿐입니다. 결국 돌연변이들이 인간보다 강하니까 우리가 그들을 지배하는 것이 당연하지 않겠어요? 그러고 보니 매그니토가 나의 진짜 스승인가 봅니다.

내 능력의 끝은 어디인가 알아보고 싶습니다

거창하게 지원 동기라고 할 만한 건 없습니다. 하지만 매그니토를 따라다니면 재미있는 일들이 많이 생길 거라고 기대해요. 내가 좋아하는 일들도 많이 할 수 있을 테고 말입니다. 때리고 부수고, 마음에 드는 것이 있으면 그냥 빼앗고, 또 매그니토는 자기 말만 잘 들으면 나한테 간섭하지 않으니……. 가끔은 시시한 싸움 말고 나보다 강한 사람들이랑 실컷 싸울 수도 있으니 짜릿합니다. 결국 내가 다 이길 테니까요.

그러고 보니 내 지원 동기는 매그니토로군요. 또한 '강한 자가 모든 것을 갖는다'는 내 나름의 신념에 따른 선택이기도 합니다. 참, 미운털 박힌 내 동생 울버린이 이 회사에 지원한 것도 나의 지원 동기 중 하나입니다. 같은 회사에 다니면서 녀석이랑 실컷 싸워 보고 싶습니다.

약해 빠진 인간들이랑 친하게 지내야 된다고 강조하는 순진한 녀석들이 있던데, 그런 녀석들의 썩어 빠진 생각을 신나게 싸우면서 고쳐 주고 싶습니다. 고양이가 쥐 생각하는 꼴이어서 아주 가소로워요. 나로 말하자면 싸우는 것 하나는 정말 좋아하고 너무 너무 잘 하니까 자신 있습니다. 벌써부터 신이 나는군요.

살아남는 자가 강한 자다

이런 자질구레한 것들을 모두 말해야 합니까? 슬슬 따분해지는데요. 원래 이런 것들을 평소에 생각하면서 살아야 하나요? 막 계획하고 하나하나 따지고. 규칙을 세우고 그 규칙대로 갑갑하게 살아가고 그런 거 나는 딱 질색인데 말이죠. 솔직히 힘을 가진 자는 좀 더 자유롭게 살아도 되지 않아요? 하고 싶은 대로 살면 되잖아요? 매그니토가 옆에서 노려보고 있어서 뭐라도 적기는 해야 할 것 같은데…….

"살아남는 자가 강한 자고 강한 자는 모든 것을 마음대로 할 수 있다."

내가 지금 즉석에서 만들어 낸 좌우명인데 제법 괜찮지 않습니까? 어디선가 본 것 같기도 하지만 뭐 그런 게 중요하겠어요? 이래도한 세상 저래도 한 세상, 단순하게 삽시다. 좋아하는 일만 하면서 살기에도 시간이 빠듯하다 이 말입니다. 이참에 내 좌우명 하나를 더들자면 나폴레옹이 말한 "승리는 가장 *끈기 있는 자에게 돌아간다*"는 것입니다.

세상에는 나보다 강한 자들이 많았습니다. 하지만 결국 내가 이겼지요. 아무리 심한 상처를 입어도, 아무리 멀리 내팽겨 쳐져도 나는그들과 달리 빠르게 회복되어 끈질기게 다시 덤벼들었거든요. 덕분에상대편은 결국 도망가거나 죽거나 했습니다. 이 모든 게 내가 더 강하다는 증거 아닐까요?

다쳐도 괜찮다, 무한 재생할 수 있으니!

타고난 회복 능력

싸우는 것은 다 잘합니다. 그런데 딱 한 가지만 짚어 소개하라고 하면 "나는 절대 패배하지 않는다"라고 이야기하겠습니다. 왜냐하면 어딜 다치든 빠르게 회복할 수 있기 때문입니다. 생각해 보세요. 이건 정말 무서운 일입니다. 계속 때리고 부수고 다치게 했는데 다시 멀쩡하게 일어나서 덤빈다면 그 누구인들 질리지 않겠습니까?

사실 나는 궁금한 것이 별로 없는 편인데 한 번은 내 스스로 내 능력이 신기했던 적이 있었습니다. 물론 고민해 봤자 답을 알 리 없었지만요. 그러던 중 잘나가는 과학자를 납치하는 일이 있었는데 생각보다 꽤 일이 빨리 끝나서 그에게 물어 보았습니다. 그의 설명을 그 자리에서 이해하기가 좀 어려워서 "나중에 다시 읽어 보려고 하니 말로 하지 말고 종이에 적어 달라"고 했습니다. 그러고는 정말로 뒷날 다시 살펴보았지만 역시나 잘 모르겠더라고요. 그래서 어딘가에 내버려 두었는데 다행히 그 종이를 찾았습니다. 그 과학자가 적어 준 나의 능력을 여기 그대로 옮겨 볼 테니 독자 여러분이 애써 이해해 보길 바랍니다.

노화와 수명의 비밀을 밝혀라

당신이 큰 상처를 입는데도 어떻게 해서 그토록 빨리 회복할 수 있는지 아직 우리도 정확히 알지 못합니다. 다만 현재 과학계에서 '노화와 수명을 다루는 문제' '일부 동물이 가지는 생체 재생 원리' '인공 장기 개발 및 이식' '줄기세포 연구' 등을 진행하고 있는데 이와 관련한 결과들이 미래 어느 순간 당신의 능력을 설명해 줄 수도 있을 거라고 생각할 따름입니다. 따라서 좀 까다로울 수 있지만 일단 이 부분에 대해 설명해 드리겠습니다.

사람이 죽는 원인은 다양합니다. 일부는 사고로 죽고 또 다른 사람들은 치명적인 전염병에 걸려서 죽습니다. 어떤 이들은 난치성 질환에 의해 세상을 떠나죠. 심지어 제3세계 사람들 가운데엔 여전히 굶어죽는 사람도 있습니다. 그동안 과학계에서 궁금해 하며 흥미롭게 생각했던 점은 모든 위험 요소를 잘 관리했던 사람들조차 죽음을 피할 수 없었다는 것입니다. 즉 사람은 결국 '늙어가면서' 죽게 된다는

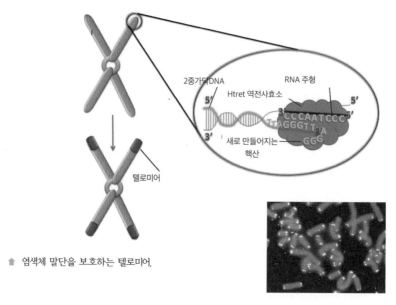

2중가닥DNA

RNA 주형

Htret 역전사효소

5'

5'

CCCAATCCC

TAGGGTTA GGG

3'

3'

새로 만들어지는 핵산

↑ 염색체 말단을 보호하는 텔로미어.

↑ 인간 염색체(회색) 끝 부분을 덮고 있는 텔로미어(흰색).

'말단소립(末端小粒)'이라고도 부릅니다. 염색체의 끝부분에 있는 염색 소립으로 세포의 수명을 결정짓는 역할을 합니다. 세포에서 시계의 역할을 담당하는 DNA의 조각들이라 보면 됩니다. 세포 분열이 일어나는 동안에 염색체와 DNA를 복제하는 효소는 염색체의 끝부분으로 복제를 계속할 수 없습니다. 텔로미어가 없는 상태로 세포가 분열된다면 세포에 관한 정보가 들어 있는 염색체의 끝부분이 소실될 텐데요. 텔로미어는 염색체의 끝부분을 막고 있는 분해되지 않는 완충 지역이라 할 수 있어요. 1990년대 초가 되어서야 생물 세포 학자들에 의해서 텔로미어가 염색체의 말단에 위치한다는 것이 밝혀졌는데요. 계속해서 연구한 결과 일군의 교수들이 '텔로미어를 통한 세포의 노화 메커니즘'을 규명했고 이들은 2009년 노벨생리학상 수상자로 선정되었습니다.

거죠. 모든 조건이 완벽하더라도 말입니다.

여러 가지 가설과 실험이 있지만 현재 시점에서 노화의 이유를 가장 잘 설명하는 것은 **텔로미어(telomere)**입니다. 텔로미어는 DNA의 양쪽 끝에 위치한 특수한 반복 염기 서열입니다. 마치 포장지나 박스가 안에 든 내용물의 손상을 막아주듯 안쪽에 있는 DNA들을 보호하는 역할을 하죠.

뉴클레오타이드의 구조와 DNA 복제

더 자세하게 설명하기에 앞서서, 뉴클레오타이드의 구조와 DNA가 복제되는 과정을 간단하게 말씀드릴게요. 뉴클레오타이드는 당과 염기, 인산기로 이루어진 분자인데요. 이러한 뉴클레오타이드가 수백만 개 이상 연결된 것이 핵산입니다. 생체 내에서 뉴클레오타이드는 에너지를 저장하거나 세포들 간의 신호를 전달하는 역할을 하지만 아무래도 가장 중요한 역할은 DNA와 RNA를 구성하는 일이 되겠지요.

탄소 5개를 가진 5탄당은 산소 원자(O)를 기준으로 시계방향으로 1번 탄소, 2번 탄소로 탄소에 번호를 붙이게 됩니다. 그림에서 선이 서로 만나 있는데 아무런 기호가 없는 부분이 탄소가 있는 부분입니다. 1번 탄소에는 염기가 붙어 있으며, 5번 탄소에는 인산기가 붙어 있습니다. 오탄당의 종류에 따라 RNA와 DNA가 구별됩니다.

염기는 크게 피리미딘 계와 퓨린 계로 나눠지는데 피리미딘에는

뉴클레오타이드

| 인산기 | 오탄당 | 아데닌 염기 | 아데닌 염기를 가진 핵산 |

🔼 뉴클레오타이드의 구조.

DNA 구조

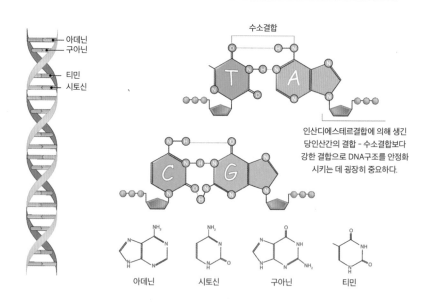

수소결합

인산디에스테르결합에 의해 생긴
당인산간의 결합 - 수소결합보다
강한 결합으로 DNA구조를 안정화
시키는 데 굉장히 중요하다.

| 아데닌 | 구아닌 |
| 티민 | 시토신 |

| 아데닌 | 시토신 | 구아닌 | 티민 |

🔼 5탄당의 5번 탄소에 붙어 있는 인산기와 다른 5탄당의 3번 탄소와 서로 결합하여, 뉴클레오타이
드끼리 연결되어 일단 단일 가닥을 만들게 된다. 그리고 서로 다른 가닥에 존재하는 염기끼리 수소
결합(Hydrogen bond)을 통해 결합되어 이중 나선 구조를 가지게 된다. 티민(T)은 아데닌(A)과, 시토신
(C)은 구아닌(G)과 서로 결합한다.

시토신, 티민, 우라실이 있고, 퓨린 계에는 아데닌과 구아닌이 있습니다. 염기는 유전 정보를 저장하는 역할을 담당합니다.

오탄당의 5번 탄소에는 인산기가 붙어 있는데, 인산기는 다른 뉴클레오타이드의 3번 탄소와 서로 붙어서 두 개의 뉴클레오타이드를 서로 연결시키는 역할을 합니다. 이로 인해 뉴클레오타이드들이 서로 붙어서 핵산을 형성하는 되는 것이죠. 따라서 핵산의 구조를 보면 한쪽 끝은 인산기(오탄당의 5번 탄소에 붙은)로 끝나게 되고 이를 5' 말단이라고 부릅니다. 반대편의 오탄당의 3번 탄소는 인산기에 붙어 있지 않은데 이를 3' 말단이라고 부릅니다.

DNA는 뉴클레오타이드들이 길게 연결되어 구성되는데요. 두 가닥의 나선이 서로 마주보고 꼬아진 구조로 되어 있습니다. 그리고 DNA 가닥의 양쪽은 3' 말단과 5' 말단으로 끝납니다. 두 가닥의 나선은 각각의 뉴클레오타이드는 아데닌과 티민, 구아닌과 시토신 염기들의 상보적인 결합으로 서로 마주보고 연결됩니다.

DNA가 복제를 할 때, 복제 원점(origin of replication)이라고 부르는 지점에서 얽혀 있던 DNA 두 가닥이 실이 풀리듯 서로 풀어지게 됩니다. 그리고 DNA 중합 효소가 작용하여 풀어진 각 가닥을 틀로 삼아 새로운 DNA를 만들기 시작합니다. DNA 중합 효소는 주형의 3번 말단 부위에 붙어서 뉴클레오타이드를 하나씩 만들어서 연결시키면서 새로운 DNA 가닥을 만들어 냅니다. DNA 중합 효소는 복제 원점에서부터 주형의 3번 말단에서 5번 말단으로 이동하면서 DNA를 복제하기 때문에 새롭게 만들어지는 DNA는 항상 5번 말단에서 3번 말

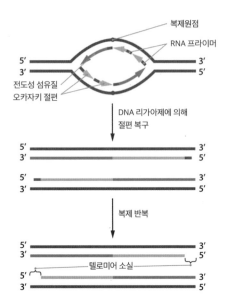

▲ 복제될수록 줄어드는 DNA 이중 가닥.

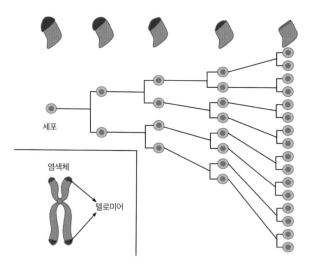

▲ 헤이플릭 한계. 텔로미어가 줄어든다.

단 방향으로 만들어집니다.

그런데 중합 효소가 붙어 있는 자리의 경우에는 복제를 할 수가 없습니다. 따라서 이는 끝부분을 완벽하게 복제할 수 없다는 것을 의미합니다. 즉, 세포 분열이 반복될수록 5번 말단 쪽에 해당하는 DNA 끝이 조금씩 짧아지게 됩니다. 다만 텔로미어가 DNA 가닥의 양쪽 끝에 존재하기 때문에 텔로미어가 남아 있는 동안에는 실제 정보가 기록되어 있는 중앙의 DNA는 안전하게 복제됩니다. 텔로미어가 안쪽의 정보를 보호하는 것이죠.

하지만 세포 분열이 반복될수록 결국 텔로미어는 점점 짧아집니다. 그러다가 일정 길이 이하가 되면 보호하는 능력을 상실하는 셈이 되므로 결국 정보가 담긴 중요한 DNA 부위를 완전히 복제할 수 없게 되지요. 결과적으로 결손이 있는 DNA를 가진 세포가 발생하게 되고 이러한 세포는 세포 분열을 멈추게 됩니다. 이를 '복제 세포 노화'라고 하는데요. 긍정적인 면에서는 무절제한 체세포의 복제를 막아 주어 암이 발생하지 않도록 하는 **기전**이기도 합니다. 다만 이렇게 노화한 세포가 점점 많아지면 관련된 전반적인 기능이 떨어질 수 있습니다. 소위 '노화'가 발생하는 거죠.

엑	스	파	일

암은 비정상적으로 세포가 성장하고 분열해서 발생하는 질병적인 상태를 의미합니다. 암이 가지고 있는 다양한 특성 중에 제한 없는 세포 분열이라는 특성이 존재합니다. 정상적인 세포에서는 분열이 반복될수록 텔로미어가 짧아져서 분열 횟수를 제한하게 됩니다.

텔로머레이스

이 텔로미어가 짧아지지 않게 보충해 주는 것이 바로 '텔로머레이스 (telomerase)'입니다. 보통 복제(DNA⇨DNA) 또는 전사(DNA⇨RNA) 과정에는 틀에 해당하는 DNA 또는 RNA가 있는데, 이 틀을 바탕으로 복제 또는 전사를 담당하는 중합 효소가 존재합니다. 전사의 경우에도 큰 틀은 앞서 설명드린 DNA 복제 과정과 비슷한 점이 있습니다. 전사의 대사수는 DNA⇨RNA 방향으로 일어납니다. 그런데 레트로 바이러스와 같은 일부의 경우에는 그 반대 방향으로 복제가 발생합니다. 이것을 일반적인 전사 방향과 반대 방향을 가진 중합 효소라 하여 특별히 '역전사 효소'라고 합니다. 역전사 효소의 발견을 통해 인간들은 유전자 분석이나 조작을 더 효과적으로 할 수 있게 되었습니다. 간단하게 예를 든다면, DNA 내에는 생각보다 정보를 가지고 있지 않는 부분이 많습니다. 따라서 전체 DNA 내에서 RNA로 전사되어 단백질을 만들어 내는 데 관여하는 부분을 찾는 것은 생각보다 어렵습니다. 그런데 반대로 이미 만들어져 있는 RNA를 틀로 삼아 역전사 효소를 통해 DNA를 만든다면 이때 만들어진 DNA는 쓸모 있는 부분만 모아졌을 것입니다.

텔로머레이스는 특이하게도 자기 자신을 주형으로 삼아 RNA에서 DNA를 만드는 역전사 효소입니다. 그래서 손상된 DNA 말단, 즉 텔로미어를 회복시키는 역할을 할 수 있습니다. 즉 세포 노화를 억제하거나 느리게 하는 셈입니다. **배아줄기세포**처럼 빠르게 분열이 발생

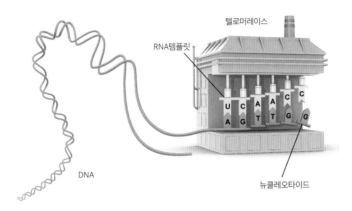

🔺 텔로머레이스는 RNA템플릿을 이용하여 DNA의 끝에 텔로미어 염기 서열을 첨가시킨다.

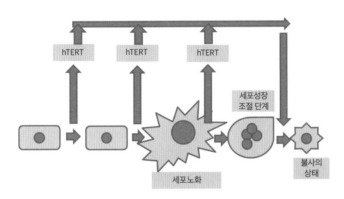

🔺 hTERT를 발현시킨 세포가 세포성장과정을 거쳐 불사의 상태가 되는 과정. 세포는 세포성장의 각 위치마다 그 분열을 조절하여 세포 노화와 세포 자살을 유도한다. 만약 이 조절 부분이 텔로머레이스의 발현 같은 현상으로 억제될때 세포는 불사의 상태, 즉 암 세포가 된다.

엑	스	파	일

줄기세포는 다른 세포로 분화될 수 있는 세포를 말하며, 배아줄기세포는 모든 세포로 분화될 수 있는 세포를 의미합니다. 사람에서는 수정 후 8주 이하의 배아에서 추출하여 얻을 수 있습니다.

해야 하거나 생애 전반적으로 지속적으로 만들어져야 하는 골수, 또는 피부 세포를 만드는 조직의 줄기세포는 텔로머레이스의 활성 수준이 높습니다. 반대로 대다수 일반 세포에서는 활성 수준이 낮아서 결국 복제 속도가 회복 속도보다 빠르게 되고 이에 따라 세포 노화가 발생하는 것입니다.

수명이 길거나 나이가 들어도 젊은 시절의 활력과 에너지를 유지하는 종들을 보면 이 텔로머레이스 활성 수준이 높은 편입니다. 대표적인 동물이 바다 가재입니다. 바다 가재의 경우 나이를 먹어도 젊은 시절의 번식력과 활력과 에너지를 유지하는데요. 관련한 다른 실험에서 유전자 조작을 통해 쥐에서 텔로머레이스를 제거했더니 노화가 심하게 발생하는 것을 확인할 수 있었고, 그 쥐에 바다 가재의 텔로머레이스를 주입했더니 놀랍게도 다시 건강을 회복했습니다.

그래서 감히 추측합니다. 당신은 이 텔로머레이스의 활성도가 다른 인간들에 비해서 왕성할 가능성이 높다고 생각합니다. 다만, 텔로머레이스의 활성 수준이 높을 경우 회복이 빠른 현상을 설명할 수는 있지만 암과 같은 일부 질병의 발생 가능성이 높아야 할 텐데 오히려 질병에 걸리지 않는다는 점에 대해서는 추가적인 설명이 필요할 것으로 보입니다. 그 정도를 조절하는 다른 기전이 함께 있는 것이 아닐까 하는데요. 이는 나중에 다시 한 번 설명하겠습니다.

마찬가지로 장수하는 동물을 통해 당신의 능력을 생각해 볼 수 있을 겁니다. 그들의 유전자를 분석해 보면 손상된 DNA를 고치는 유전자가 다른 동물에 비해 많은 것을 확인할 수 있는데요. 예를 들어

⬆ 바다 가재.

⬆ 북극 고래.

장수하는 대표적인 동물인 북극 고래의 경우 손상 DNA를 복구하는 유전자가 80여 개 이상 존재하는 것으로 알려져 있습니다. 그 덕분인 지 북극 고래는 200년을 넘게 생존합니다.

SCENE 03

호모 사피엔스의 수명을 늘려라

재생 능력이 뛰어난 동물들

일부 연구자들은 이러한 장수 동물의 유전자를 인간에게 도입하는 방법을 써서 인간의 수명을 늘릴 수 있을 거라고 생각했습니다. 현실에서 실행하기에는 해결해야 할 여러 가지 기술적 문제도 있고 그보다 더 중요한 윤리적인 문제가 있습니다만, 세이버투스 당신의 경우엔 이미 이러한 유전자의 숫자가 일반적인 사람보다 많을 가능성이 높은 것입니다. 과학자들은 당신을 연구함으로써 엄청난 과학상의 진보를 가능하게 할 수 있다고 생각합니다. 물론 당신더러 실험체가 되라는 건 아니고요.

지구상에는 당신처럼 장기나 기관이 손상되어도 별 탈 없이 재생되는 동물들이 있습니다. 물론 거의 모든 종에겐 어느 정도 재생력이

 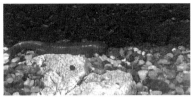

🔺 제브라피시.　　　　　　🔺 도롱뇽.

있습니다만, 그 정도가 유난히 탁월한 일부 종이 있지요. 예를 들어 제브라피시(Zebrafish)라는 열대어는 비늘과 지느러미, 망막, 척수, 심지어는 심장의 일부까지도 재생이 가능하다고 합니다.

유명한 다른 예로 도마뱀이 있습니다. 일부 도마뱀의 경우 포식자가 나타나면 꼬리의 일부를 잘라서 그쪽으로 상대방을 유도한 후 자신은 도망가는 방법을 구사합니다. 이러한 도마뱀 중의 일부 종은 잘라진 꼬리를 재생할 수 있습니다. 이렇게 잘려지는 꼬리 부위도 정해져 있습니다. 이를 '탈리절'이라고 부르는데요. 꼬리뼈가 쉽게 절단될 수 있도록 태어났고 위협에 직면했을 경우 중추신경절의 지시에 의해 잘리면서 동시에 수축되어 출혈을 예방합니다. 잘려지고 남은 꼬리 부위에는 다른 부위보다 줄기세포가 많이 존재하게 되는데, 이 줄기세포가 활성화하여 재생되는 것입니다. 다만 꼬리가 재생될 때 꼬리뼈까지 재생이 일어나지 않으며 따라서 탈리절도 다시 만들어지지 않습니다. 딱 한 번 쓸 수 있는 궁극의 회피 기술이라고 볼 수 있어요.

도롱뇽의 연구는 더 놀랍습니다. 잘린 다리가 재생되는 데 한 달 정도면 충분하며 꼬리나 다리뿐 아니라 턱, 수정체, 망막, 소장 및 대장까지도 재생이 가능합니다. 심지어 도롱뇽의 뇌를 꺼낸 뒤 갈아서 다시 넣어 준 경우에도 뇌가 재생되었다고 합니다.

일반적으로 더 원시적인 생명체일수록 재생 능력이 뛰어난 것으로 보입니다. 예를 들어 불가사리는 몸이 조각나게 되면 각 조각이 다시 불가사리가 될 정도로 재생 능력이 뛰어나지만 포유류의 경우 재생의 범위나 정도가 제한적입니다. 부러진 발톱이 다시 자라나거나 사슴의 머리에서 빠진 뿔이 다시 나는 것 정도지요.

생명체가 몸의 일부분을 재생할 수 있는 이유는 손상 부위의 완전히 분화된 세포 중 일부가 분화가 덜 된 줄기세포로 되돌아가기 때문입니다. 그리고 멈춰져 있다가 다시 발현된 분화 능력을 통해 손상된 부위의 세포를 만들어 내는 방법으로 회복하는 것으로 추정합니다. 따라서 복잡한 동물일수록 재생 범위가 제한적일 수밖에 없습니다. 그래서 인간처럼 복잡한 장기를 가진 동물의 경우 장기 이식을 통해 기능 회복을 시도했지요. 인간의 장기와 비슷한 크기와 능력을 가진 다른 동물의 장기를 이식하거나 다른 사람의 장기를 이용한 치료 방법들입니다. 다만 **이종 장기**나 다른 사람의 장기를 이식하는 경우 면역 거부 반응이 일어날 가능성이 높습니다. 따라서 모든 경우가 가능한 것은 아니며 이종장기일 때에는 그 정도가 더 심한 편입니다. 심한 염증 반응을 보여 이식될 장기를 **괴사**시키기도 합니다. 그래서 실제로 면역 반응상 적합한 사람의 장기를 이식하는 경우에도 지속적으로 면역 조절제 또는 억제제를 투여하는 것입니다. 환자 자신의 줄기세포에 대한 관심이 높아진 이유죠. 자기 자신의 줄기세포를 통해

'이종 장기'란 인간의 조직 및 장기를 대체하기 위해 동물의 조직 및 장기를 개발하고 인간 체내에 이식하는 기술을 말합니다. '괴사'는 생체 내의 조직이나 세포가 부분적으로 죽는 것을 이릅니다. 냉, 열, 독물, 타박 및 특수한 병적 과정 따위가 원인이 되지요.

필요한 장기를 만든 후 이식한다면 면역 반응에 대해 걱정할 필요가 없기 때문입니다.

줄기세포와 마이크로RNA

줄기세포는 크게 배아줄기세포와 성체줄기세포로 나눠집니다. 배아줄기세포는 모든 조직의 세포로 분화할 수 있는 능력을 지녔지만 아직 분화되지는 않은 세포입니다. 모든 조직으로의 분화가 가능하기에 활용 범위가 넓습니다. 다만 보통 인간의 경우 수정 후 첫 8주까지를 배아라고 부르며 이 배아에서 얻어야 하기 때문에 채취 및 연구, 임상 적용에 윤리적인 문제가 따르지요.

성체줄기세포는 생체 내에서도 주기적으로 회복, 생산되어야 하는 조직이 있기 때문에 소량 존재하는 **미분화 세포**입니다. 혈구를 만드는 조혈모 세포 등이 이에 해당합니다. 보통 **제대혈**이나 골수, 혈액 등으로부터 얻을 수 있어 윤리적으로 보다 자유로운 연구가 가능합니다.

335

다만 성체줄기세포의 경우 대량 배양이 어려우며 분화 가능한 조직이 제한되어 있다는 한계가 존재하죠. 따라서 과학자들은 성체줄기세포로부터 보다 다양한 분화를 가능하게 해 주는 실험을 지속적으로 진행 중입니다.

그렇다면 얻기도 쉬우며 윤리적으로도 크게 문제가 없는 성체의 체세포를 배아줄기세포로 만들면 되지 않겠냐고 생각한 연구진이 있었습니다. 정자와 난자가 만나서 수정체가 되어 배아가 되면 앞서 언급한 배아줄기세포가 생깁니다. 이 배아줄기세포는 세포 분열을 하면서 중간 줄기세포로 분화되고 이 각각의 줄기세포가 분열을 지속하면 결국 각각 고유의 기능을 가진 세포가 됩니다. 이를 '체세포'라고 합니다. 즉 체세포는 다른 세포로 변화가 되지 않는 분화가 다 된 세포라고 생각하면 됩니다. 이 점에 착안하여 체세포의 시간을 돌리면 줄기세포를 만들 수 있지 않을까 하는 연구가 지속되었고, 결국 '유도만능세포(Induced Pluripotent Stem Cell)'을 만들게 되었지요. 다만 그 과정에서 사용되는 바이러스가 HIV와 비슷한 구조를 가졌다는 위험성이 존재하며 더 나아가 실제 임상에서 사용되기에는 종양 발생 가능성이 높으므로 지속적인 연구가 필요합니다. 줄기세포는 분화가 발생하여 조직을 재생하는 데 도움이 될 수는 있지만 실제 사용 시 종양 발생 확률을 높일 수 있다는 우려가 있습니다.

무엇이든 될 수 있다는 말은 바꿔 말하면 통제가 되지 않아 원치 않는 조직이 조절되지 않는 속도로 만들어질 수 있다는 것을 의미하는 것 아닐까요? 따라서 당신에게는 배아줄기세포의 수준이 높지 않세포의 기능, 구조 등이 특수하게 변하는 것을 세포 분화라고 합니다. 분화가 되었다는 것은 특별한 기능을 가진 세포가 되었다는 것이고, 미분화 혹은 분화가 덜 되었다는 것은 특별한 기능을 가지는 다양한 세포로 변할 수 있는 능력이 남아 있다는 것을 의미하지요. 미분화도가 높을수록 더 많은 종류의 세포로 변할 수 있습니다. 만능줄기세포는 모든 세포로 변할 수 있는 미분화 세포로, 배아줄기세포가 이에 해당합니다.

출산 후 태아 탯줄에서 나온 혈액을 의미합니다. 조혈모세포, 간엽줄기세포 등이 풍부해 의학적 가치가 높습니다. 조혈모세포는 적혈구, 백혈구, 혈소판 등을 만들 수 있으므로 백혈병이나 재생불량성 빈혈 등의 치료에 이용합니다. 간엽줄기세포는 뼈, 연골 등의 재생에 이용할 수 있습니다.

인간면역결핍 바이러스(Human Immunodeficiency Virus)는 발병하게 되면 AIDS로 진행하는, 인간의 면역체계를 파괴하는 레트로 바이러스입니다. 기회 감염에 의한 사망에 이를 수 있게끔 인간의 면역 체계를 무너뜨리는 AIDS를 일으키는 병원체죠.

예쁜꼬마선충은 선형동물의 일종입니다. 썩은 식물체에 서식하며 투명한 몸을 가지고 있고 몸의 길이는 1밀리미터 정도입니다. 예쁜꼬마선충이 가지고 있는 여러 가지 특징 때문에 다세포 생물의 발생, 세포생물학, 신경생물학, 노화 등의 연구에서 모델 생물로서 많이 연구되지요.

을 것으로 추측됩니다. 동시에 위에서 말씀드린 종양 세포의 발생이라는 단점이 있을 수 있으므로 다른 사람들에 비해 이 부분을 적절하게 조절할 수 있는 방법 역시 존재하는 것이라고 추측합니다.

이러한 점에서 주목할 만한 것은 '마이크로알엔에이(MicroRNA)'입

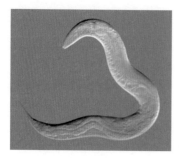

← 예쁜 꼬마 선충.

니다. 20여 개의 뉴클레오펩티드로 이루어진 작은 RNA 분자인데 식물, 동물뿐 아니라 바이러스들에서도 발견됩니다. 이 분자는 **꼬마 선충** 연구를 통해 알려지기 시작했는데 RNA들의 발현을 조절하는 기능을 하는 것으로 알려져 있습니다. 동시에 줄기세포들의 자가 증식을 정교하게 조절하는 역할도 합니다. 현재는 유도만능세포 연구, 암 치료 연구 등등 광범위하게 다뤄지고 있는 주제인데, 아직 연구가 많이 필요한 부분이지만 지금까지 밝혀진 점으로만 추측할 때 당신에게는 마이크로알앤에이처럼 줄기세포 조절 능력을 가진 메커니즘이 존재할 가능성이 높습니다.

어떻습니까? 이해가 좀 되나요?

중요한 것은 나는 아무리 상처를 입어도 끊임없이 일어날 수 있다는 겁니다. 과학자들도 아직 내 능력을 다 설명하지 못할 만큼 뛰어나지요. 이것이 중요한 점 아닐까요?

돌연변이여 영원하라

희망 부서

전쟁, 암살, 테러, 납치 등등 뭐든 말씀하십시오. 싸움이라면 자신 있으니까요. 다만 인간들이랑 화해하라는 등 나보다 약한 이들과 사이좋게 지내라는 등 그들과 악수를 하라는 등 낯 간지러운 일만 시키지 않으면 됩니다. 상처 입은 나 자신이 회복하는 모습을 보는 덴 익숙하지만 약하고 지친 다른 사람을 보듬어 주는 것은 나한테 익숙하지 않습니다. 아니, 매우 불편하지요.

장래 포부

마지막까지도 답답한 질문을 하시는군요. 꼭 미래 계획을 세워야 합니까? 현재를 살라고 하는 말 못 들어 봤어요? 매그니토만 아니었어도 내가 이런 회사에 지원할 일은 없었을 텐데. 아, 그러고 보니 하고 싶은 일이 있다고 생각했던 적도 있습니다. 제목이 마음에 들어서요.

부끄럽게도 책을 읽었던 적이 있었거든요. 사실 그다지 재미있게 읽었는지 잘 모르겠지만 아직까지 생각나는 걸 보면 좀 인상적이었나 봅니다. 아멜리 노통인가? 그 사람이 쓴 『살인자의 건강법*Hygiene de L'assassin*』이라는 책에 이런 글이 나옵니다.

"이 세상은 살인자로 득실대고 있소. 즉 누군가를 사랑한다 해 놓고 그 사람을 쉽게 잊어버리는 사람들 말이오. 누군가를 잊어버린다는 것, 그게 뭘 의미하는지 생각해 본 적이 있소?"

생각해 보니 나보다 살인을 더 많이 하는 사람들도 있을 것 같더군요. 위선자들 같으니라고! 어쨌든 나는 사람들이 나를 계속 기억하면 좋겠습니다. 나한테 진 사람들도 날 잊는다면 곧 나를 죽이는 것과 같으니 말입니다.

나는 사람들을 다 내 발밑에 두고 싶습니다. 그러면 사람들이 모두 나를 기억하겠죠. 그럼 나는 죽지 않고 영원히 사는 것과 마찬가지 아니겠습니까? 그게 바로 내가 가장 소망하는 일입니다.

추락하는 엑스맨에게 날개가 있을까!

엑스맨 시리즈가 새로 개봉된다는 소식이 전해질 때면 어김없이 각종 매스컴에 온갖 조롱과 비난들이 넘쳐납니다.

"엑스맨? 그게 뭔데? 새로 하는 예능 프로그램인가?"

"언제 적 엑스맨이냐? 뮤턴트들이 아직까지 살아 있기는 해?"

"잊을 만하면 나오고. 또 잊을 만하면 나오고. 다른 시리즈라고 해도 믿겠네."

반박불가입니다. 마블의 팬이라 자부하는 그 누구라도 엑스맨을 향한 조롱은 막아 내기 어려운 게 현실이지요.

히어로는 물론 빌런들이 무더기로 나온다는 관점에서 어벤져스 시리즈와 엑스맨 시리즈는 별반 차이가 없어 보입니다. 하지만 하나는 개봉하는 족족 천만 명의 관객이 찾아오고, 또 다른 하나는 개봉하는 족족 천만 가지 욕이 난무합니다.

대체 무엇이 다른 걸까요?

배급사와 감독 혹은 제작진의 능력 차이일까요? 물론 이러한 요소들은 영화의 퀄리티를 좌우하기에 결코 무시할 수는 없습니다.

하지만 엑스맨 시리즈가 매번 고전을 면치 못하는 건 사실 다른 이유 때문입니다. 조롱의 내용들을 잘 살펴보면 그 안에 답이 담겨 있지요.

시리즈 개봉일 간의 공백이 너무 크다!

2000년 8월을 기점으로 처음 개봉한 〈엑스맨(2000)〉, 이후 3년이 지난 2003년 4월에 개봉한 〈엑스맨2(2003)〉, 또다시 3년이 지난 2006년 6월에 개봉한 〈엑스맨: 최후의 전쟁(2006)〉까지, 매 시리즈의 개봉 이후 3년이라는 공백기를 꾸준히 가져왔습니다.

사실 〈어벤져스〉 시리즈의 개봉일도 이와 크게 다르지 않습니다. 2012년 4월부터 시작된 시리즈는 〈어벤져스(2012)〉, 〈어벤져스: 에이지 오브 울트론(2015)〉, 〈어벤져스: 인피니티 워(2018)〉, 〈어벤져스: 엔드게임(2019)〉으로 이어집니다. 세 번째와 네 번째 시리즈 사이의 1년을 제외하고는 〈엑스맨〉 시리즈와 마찬가지로 3년의 공백기를 갖고 있습니다.

물밑 작업이 없다

그런데 관객들은 〈어벤져스〉 시리즈를 향해서는 그 어떠한 조롱도 하지 않습니다. 3년이란 공백기는 허울뿐이었기 때문입니다. 3년 동안 어벤져스 히어로들은 저마다 관객들이 관심의 끈을 놓지 못하도록 물밑 작업을 꾸준히 하고 있었거든요.

〈어벤져스(2012)〉와 〈어벤져스: 에이지 오브 울트론(2015)〉 사이에는 〈아이언맨3(2013)〉, 〈토르: 다크 월드(2013)〉, 〈캡틴 아메리카: 윈터 솔져(2014)〉, 〈가디언즈 오브 갤럭시(2014)〉가 관객들의 허한 마음을 채워 주었고, 〈어벤져스: 에이지 오브 울트론(2015)〉과 〈어벤져스: 인피니티 워(2018)〉 사이에는 〈앤트맨(2015)〉, 〈캡틴 아메리카: 시빌 워(2016)〉, 〈닥터 스트레인지(2016)〉, 〈가디언즈 오브 갤럭시 VOL.2(2017)〉, 〈스파이더맨: 홈커밍(2017)〉, 〈토르: 라그나로크(2017)〉, 〈블랙 팬서(2018)〉가 관객들의 가려운 등을 긁어 주었으니까요.

불과 1년밖에 되지 않는 〈어벤져스: 인피니티 워(2018)〉와 〈어벤져스: 엔드 게임(2019)〉 사이의 짧은 공백기에도 〈앤트맨과 와스프(2018)〉, 〈캡틴 마블(2019)〉이 연이어 개봉됐습니다.

한편 〈엑스맨: 최후의 전쟁(2006)〉 개봉 이후에도 엑스맨 시리즈의 영원한 히어로로 울버린을 제외한 뮤턴트들은 단독으로 행동하지 않습니다. 의리로 똘똘 뭉친 그들은 절대 개인 플레이를 하지 않습니다. 울버린을 메인 간판으로 내세우되 조연으로서 종종 등장했지요.

〈엑스맨 탄생: 울버린(2009)〉, 〈더 울버린(2013)〉, 〈로건(2017)〉이 이

름 하여 울버린 단독 시리즈로 알려져 있습니다. 관객들의 머릿속에
는 이후 '엑스맨=울버린' '울버린=엑스맨'이라는 공식이 자리 잡게 됩
니다.

현실과 먼 시대 배경

시대 배경 또한 더욱 현실과 멀어져만 갑니다. 프리퀄 시리즈라는 미
명 아래 과거로 날아가지요. 가도 너무 가요!

〈엑스맨: 퍼스트 클래스(2011)〉, 〈엑스맨: 데이즈 오브 퓨처패스트
(2014)〉, 〈엑스맨: 아포칼립스(2016)〉까지 울버린의 등 뒤에 숨던 뮤턴
트들과 함께 갑자기 과거로 시간여행을 떠난다? 그것도 자그마치 6년
동안이나요? 관객들의 시선은 점점 싸늘해졌습니다.

덕분에 2019년에 개봉한 〈엑스맨: 다크 피닉스(2019)〉는 관객 동원
수 86만 명이라는 치욕스런 결과를 얻었고, 2020년이 된 지금 새로운
공포물 시리즈의 개봉을 앞두고 있습니다.

하지만, 우리의 뮤턴트는 결코 죽지 않을 겁니다.

"Mutant, And Proud!"

[매그니토]

- 맥스웰방정식 완벽해부-전기와 자기, 전자파와 빛의 비밀을 파헤치는, Daniel Fleisch 지음, 유태훈 옮김, 학산미디어, 2016.
- 패러데이와 맥스웰-전자기 시대를 연, 물리학의 두 거장, 낸시 포브스·배질 마혼 지음, 박찬·박술 옮김, 반니, 2015.
- 꿈의 물질, 초전도, 김찬중 지음, 하늬바람에영글다, 2015.
- 누구나 쉽게 배우는 원소, 일동서원본사 지음, 원형원 옮김, 작은책방(해든아침), 2013.
- 원소가 뭐길래-일상 속 흥미진진한 화학 이야기, 장홍제 지음, 다른, 2017.
- <Universe Today: NASA proposes a magnetic shield to protect Mars' atmosphere>

- \<ScienceAlert: NASA wants to launch a giant magnetice field to make Mars habitable\>
- \<Newton highlight: 철저도해 살아있는 태양\>, 아이뉴턴, 2012.

[울버린]

- 누구나 쉽게 배우는 원소, 일동서원본사 지음, 원형원 옮김, 작은 책방(해든아침), 2013.
- 원소가 뭐길래-일상 속 흥미진진한 화학 이야기, 장홍제 지음, 다른, 2017.
- 줌달의 일반화학, Cengage Learnung Korea, 2019.
- 재료과학, William D. Callister·David G. Rethwisch 지음, 문영훈 옮김, 한티미디어, 2017.

[사이클롭스]

- 예언된 미래, SF-스크린 밖으로 튀어나온 공상과학, 로드 파일 지음, 이다윤 엄성수 옮김, 타임북스, 2018.
- 전쟁의 물리학-화살에서 핵폭탄까지, 무기와 과학의 역사, 배리 파커 지음, 김은영 옮김, 북로드, 2015.
- 타운스가 들려주는 레이저 이야기, 육근철 지음, 자음과모음, 2010.
- 핵심 레이저 광학, 장수 지음, 테크미디어, 2015.
- \<고에너지 레이저 무기, 현황과 과제\>, 국방논단 제1774호, p19-35, 2019.

- \<국방저널; National defense journal\>, 통권 제547호, p52-55, 2019.

\<Jane's Defence Weekly\>, May 2, 2018, p4; Jane's Internationa Defence Reiview, May 2018, p30-31.

\<Copper and Silver Carbene Complexes without Heteroatom-Stabilization: Structure, Spectroscopy, and Relativistic Effects\>, Angewandte Chemie International Edition 54, 35, 2015.

[스톰]

- 상위 5%로 가는 지구과학교실2-기초 지구과학(하), 김용완 외 지음, 신창국 그림, 스콜라(위즈덤하우스), 2008.
- 아주 명쾌한 진화론 수업-생물학자 장수철 교수가 국어학자 이재성 교수에게 1:1 진화생물학 수업을 하다, 장수철 이재성 지음, 휴머니스트, 2018.
- The lightning discharge, Dover Publications, 2001.
- \<Discharge of intense gamma-ray flashes of atmospheric origin\>, Science 27, 5163, 1994.

[밴시]

- 수학으로 배우는 파동의 법칙-삼각함수와 미적분을 마스터하다, Transnational College of Lex 지음, 이경민 옮김, Gbrain(지브레인), 2010.
- 파동의 사이언스, 아이뉴턴 편집부 지음, 아이뉴턴(뉴턴코리아),

2017.

- 미리 보는 미래무기, 국방기술품질원, 2012.

- 무기 체계 원리, 한국방위산업진흥회, 2013.

- <노이즈 캔슬링 시스템 및 노이즈 캔슬 방법>, KR101357935B1, 소니 주식회사

- <Evaluation of speech intelligibility for feedback adaptive active noise cancellation headset>, IEEE Xplore, 2007.

[프로페서 엑스(X)] [미스틱] [비스트] [세이버투스]

- 원더풀 사이언스-아름다운 기초과학 산책, 나탈리 앤지어 지음, 김소정 옮김, 지호, 2010.

- 불가능은 없다-투명인간, 순간이동, 우주횡단, 시간여행은 반드시 이루어진다!, 미치오 가쿠 지음, 박병철 옮김, 김영사, 2010.

- 동물의 숨겨진 과학-노래하고 낄낄대는 동물 행동에 대한 이해, 캐런 섀너, 재그밋 컨월 지음, 진선미 옮김, 양문, 2013.

- 지상 최대의 쇼-진화가 펼쳐낸 경이롭고 찬란한 생명의 역사, 리처드 도킨스 지음, 김명남 옮김, 김영사, 2009.

- 사피엔스-유인원에서 사이보그까지, 인간 역사의 대담하고 위대한 질문, 유발 하라리 지음, 조현욱 옮김, 이태수 감수, 김영사, 2015.

- 내 안의 유인원-영장류를 통해 바라본 이기적이고 이타적인 인간의 초상, 프란스 드 발 지음, 이충호 옮김, 김영사, 2005.

- 이기적 유전자, 리처드 도킨스 지음, 홍영남 옮김, 을유문화사, 1993.
- FBI 행동의 심리학-말보다 정직한 7가지 몸의 단서, 조 내버로, 마빈 칼린스 지음, 박정길 옮김, 리더스북, 2010.
- 모든 순간의 물리학-우리는 누구인가라는 물음에 대한 물리학의 대답, 카를로 로벨리 지음, 김현주 옮김, 이중원 감수, 쌤앤파커스, 2016.
- 생각에 관한 생각, 대니얼 카너먼 지음, 이창신 옮김, 김영사, 2018.
- 과학은 없다-UFO에서 초심리 현상까지, 과학이 아직 밝혀내지 못한 세상, 맹성렬 지음, 쌤앤파커스, 2012.
- 예언된 미래, SF-스크린 밖으로 튀어나온 공상과학, 로드 파일 지음, 이다윤 엄성수 옮김, 타임북스, 2018.
- 아주 명쾌한 진화론 수업-생물학자 장수철 교수가 국어학자 이재성 교수에게 1:1 진화생물학 수업을 하다, 장수철 이재성 지음, 휴머니스트, 2018.
- 과학한다, 고로 철학한다-무엇이 과학인가, 팀 르윈스 지음, 김경숙 옮김, Mid(엠아이디), 2016.
- Vedenina VY and Shestakov LS (2018) Loser in Fight but Winner in Love: How Does Inter-Male Competition Determine the Pattern and Outcome of Courtship in Cricket Gryllus bimaculatus? Front. Ecol. Evol. 6:197
- https://species.nibr.go.kr
- 위키피디아(엑스맨 영화 및 마블 코믹스 설정 관련)

푸른들녘 인문·교양 시리즈

인문·교양의 다양한 주제들을 폭넓고 섬세하게 바라보는 〈푸른들녘 인문·교양〉 시리즈. 일상에서 만나는 다양한 주제들을 통해 사람의 이야기를 들여다본다. '앎이 녹아든 삶'을 지향하는 이 시리즈는 주변의 구체적인 사물과 현상에서 출발하여 문화·정치·경제·철학·사회·예술·역사 등 다방면의 영역으로 생각을 확대할 수 있도록 구성되었다. 독특하고 풍미 넘치는 인문·교양의 향연으로 여러분을 초대한다.

2014 한국출판문화산업진흥원 청소년 권장도서 | 2014 대한출판문화협회 청소년 교양도서

001 옷장에서 나온 인문학

이민정 지음 | 240쪽

옷장 속에는 우리가 미처 눈치 채지 못한 인문학과 사회학적 지식이 가득 들어 있다. 옷은 세계 곳곳에서 벌어지는 사건과 사람의 이야기를 담은 이 세상의 축소판이다. 패스트패션, 명품, 부르카, 모피 등등 다양한 옷을 통해 인문학을 만나자.

2014 한국출판문화산업진흥원 청소년 권장도서 | 2015 세종우수도서

002 집에 들어온 인문학

서윤영 지음 | 248쪽

집은 사회의 흐름을 은밀하게 주도하는 보이지 않는 손이다. 단독주택과 아파트, 원룸과 고시원까지, 겉으로 드러나지 않는 집의 속사정을 꼼꼼히 들여다보면 어느덧 우리 옆에 와 있는 인문학의 세계에 성큼 들어서게 될 것이다.

2014 한국출판문화산업진흥원 청소년 권장도서

003 책상을 떠난 철학

이현영 · 장기혁 · 신아연 지음 | 256쪽

철학은 거창한 게 아니다. 책을 통해서만 즐길 수 있는 박제된 사상도 아니다. 언제 어디서나 부딪힐 수 있는 다양한 고민에 질문을 던지고, 이에 대한 답을 스스로 찾아가는 과정이 바로 철학이다. 이 책은 그 여정에 함께할 믿음직한 나침반이다.

2015 세종우수도서

004 우리말 밭다리걸기

나윤정 · 김주동 지음 | 240쪽

우리말을 정확하게 사용하는 사람은 얼마나 될까? 이 책은 일
상에서 실수하기 쉬운 잘못들을 꼭 집어내어 바른 쓰임과 연
결해주고, 까다로운 어법과 맞춤법을 깨알 같은 재미로 분석
해주는 대한민국 사람을 위한 교양 필독서다.

2014 한국출판문화산업진흥원 청소년 권장도서

005 내 친구 톨스토이

박홍규 지음 | 344쪽

톨스토이는 누구보다 삐딱한 반항아였고, 솔직하고 인간적이
며 자유로웠던 사람이다. 자유·자연·자치의 삶을 온몸으로
추구했던 거인이다. 시대의 오류와 통념에 정면으로 맞선 반
항아 톨스토이의 진짜 삶과 문학을 만나보자.

006 걸리버를 따라서, 스위프트를 찾아서

박홍규 지음 | 348쪽

인간과 문명 비판의 정수를 느끼고 싶다면《걸리버 여행기》를
벗하라! 그러나《걸리버 여행기》를 제대로 이해하고 싶다면
이 책을 읽어라! 18세기에 쓰인《걸리버 여행기》가 21세기 오
늘을 살아가는 우리에게 어떻게 적용되는지 따라가보자.

007 까칠한 정치, 우직한 법을 만나다

승지홍 지음 | 440쪽

"법과 정치에 관련된 여러 내용들이 어떤 식으로 연결망을 이루는지, 일상과 어떻게 관계를 맺고 있는지 알려주는 교양서! 정치 기사와 뉴스가 쉽게 이해되고, 법정 드라마 감상이 만만해지는 인문 교양 지식의 종합선물세트!

008/009 청년을 위한 세계사 강의 1, 2

모지현 지음 | 각 권 450쪽 내외

역사는 인류가 지금까지 움직여온 법칙을 보여주고 흘러갈 방향을 예측하게 해주는 지혜의 보고(寶庫)다. 인류 문명의 시원 서아시아에서 시작하여 분쟁 지역 현대 서아시아로 돌아오는 신개념 한 바퀴 세계사를 읽는다.

010 망치를 든 철학자 니체
vs. 불꽃을 품은 철학자 포이어바흐

강대석 지음 | 184쪽

유물론의 아버지 포이어바흐와 실존주의 선구자 니체가 한 판 붙는다면? 박제된 세상을 겨냥한 철학자들의 돌직구와 섹시한 그들의 뇌구조 커밍아웃! 무릉도원의 실제 무대인 중국 장가계에서 펼쳐지는 까칠하고 직설적인 철학 공개토론에 참석해보자!

011 맨 처음 성⁽性⁾ 인문학

박홍규 · 최재목 · 김경천 지음 | 328쪽

대학에서 인문학을 가르치는 교수와 현장에서 청소년 성 문
제를 다루었던 변호사가 한마음으로 집필한 책. 동서양 사상
사와 법률 이야기를 바탕으로 누구나 알지만 아무도 몰랐던
성 이야기를 흥미롭게 풀어낸 독보적인 책이다.

012 가거라 용감하게, 아들아!

박홍규 지음 | 384쪽

지식인의 초상 루쉰의 삶과 문학을 깊이 파보는 책. 문학 교과
서에 소개된 루쉰, 중국사에 등장하는 루쉰의 모습은 반쪽에
불과하다. 지식인 루쉰의 삶과 작품을 온전히 이해하고 싶다
면 이 책을 먼저 읽어라!!

013 태초에 행동이 있었다

박홍규 지음 | 400쪽

인생아 내가 간다, 길을 비켜라! 각자의 운명은 스스로 개척하
는 것! 근대 소설의 효시, 머뭇거리는 청춘에게 거울이 되어줄
유쾌한 고전, 흔들리는 사회에 명쾌한 방향을 제시해줄 지혜
로운 키잠이 세르반테스의 『돈키호테』를 함께 읽는다!

014 세상과 통하는 철학

이현영 · 장기혁 · 신아연 지음 | 256쪽

요즘 우리나라를 '헬 조선'이라 일컫고 청년들을 'N포 세대'라 부르는데, 어떻게 살아야 되는 걸까? 과학 기술이 발달하면 우리는 정말 더 행복한 삶을 살 수 있을까? 가장 실용적인 학문인 철학에 다가서는 즐거운 여정에 참여해보자.

015 명언 철학사

강대석 지음 | 400쪽

21세기를 살아갈 청년들이 반드시 읽어야 할 교양 철학사. 철학 고수가 엄선한 사상가 62명의 명언을 통해 서양 철학사의 흐름과 논점, 쟁점을 한눈에 꿰뚫어본다. 철학 및 인문학 초보자들에게 흥미롭고 유용한 인문학 나침반이 될 것이다.

016 청와대는 건물 이름이 아니다

정승원 지음 | 272쪽

재미와 쓸모를 동시에 잡은 기호학 입문서. 언어로 대표되는 기호는 직접적인 의미 외에 비유적이고 간접적인 의미를 내포한다. 따라서 기호가 사용되는 현상의 숨은 뜻과 상징성, 진의를 이해하려면 일상적으로 통용되는 기호의 참뜻을 알아야 한다.

017 내가 사랑한 수학자들

박형주 지음 | 208쪽

20세기에 활약했던 다양한 개성을 지닌 수학자들을 통해 '인간의 얼굴을 한 수학'을 그린 책. 그들이 수학을 기반으로 어떻게 과학기술을 발전시켰는지, 인류사의 흐름을 어떻게 긍정적으로 변화시켰는지 보여주는 교양 필독서다.

018 루소와 볼테르 인류의 진보적 혁명을 논하다

강대석 지음 | 232쪽

볼테르와 루소의 논쟁을 토대로 "무엇이 인류의 행복을 증진할까?", "인간의 불평등은 어디서 기원하는가?", "참된 신앙이란 무엇인가?", "교육의 본질은 무엇인가?", "역사를 연구하는데 철학이 꼭 필요한가?" 등의 문제에 대한 답을 찾는다.

019 제우스는 죽었다 그리스로마 신화 파격적으로 읽기

박홍규 지음 | 416쪽

그리스 신화에 등장하는 시기와 질투, 폭력과 독재, 파괴와 침략, 지배와 피지배 구조, 이방의 존재들을 괴물로 치부하여 처단하는 행태에 의문을 품고 출발, 종래의 무분별한 수용을 비판하면서 신화에 담긴 3중 차별 구조를 들춰보는 새로운 시도.

020 존재의 제자리 찾기 청춘을 위한 현상학 강의

박영규 지음 | 200쪽

현상학은 세상의 존재에 대해 섬세히 들여다보는 학문이다. 어려운 용어로 가득한 것 같지만 실은 어떤 삶의 태도를 갖추고 어떻게 사유해야 할지 알려주는 학문이다. 이 책을 통해 존재에 다가서고 세상을 이해하는 길을 찾아보자.

2018 세종우수도서(교양부문)

021 코르셋과 고래뼈

이민정 지음 | 312쪽

한 시대를 특징 짓는 패션 아이템과 그에 얽힌 다양한 이야기를 풀어낸다. 생태와 인간, 사회 시스템의 변화, 신체 특정 부위의 노출, 미의 기준, 여성의 지위에 대한 인식, 인종 혹은 계급의 문제 등을 복식 아이템과 연결하여 흥미롭게 다뤘다.

2018 세종우수도서

022 불편한 인권

박홍규 지음 | 456쪽

저자가 성장 과정에서 겪었던 인권탄압 경험을 바탕으로 인류의 인권이 증진되어온 과정을 시대별로 살핀다. 대한민국의 헌법을 세세하게 들여다보며, 우리가 과연 제대로 된 인권을 보장받고 살아가고 있는지 탐구한다.

023 **노트의 품격**

이재영 지음 | 272쪽

'역사가 기억하는 위대함, 한 인간이 성취하는 비범함'이란 결국 '개인과 사회에 대한 깊은 성찰'에서 비롯된다는 것, 그리고 그 바탕에는 지속적이며 내밀한 글쓰기 있었음을 보여주는 책.

024 **검은물잠자리는 사랑을 그린다**

송국 지음, 장신희 그림 | 280쪽

곤충의 생태를 생태화와 생태시로 소개하고, '곤충의 일생'을 통해 곤충의 생태가 인간의 삶과 어떤 지점에서 비교되는지 탐색한다.

2019 한국출판문화산업진흥원 9월의 추천도서 | 2019 책따세 여름방학 추천도서

025 **헌법수업** 말랑하고 정의로운 영혼을 위한

신주영 지음 | 324쪽

'대중이 이해하기 쉬운 언어'로 법의 생태를 설명해온 가슴 따뜻한 20년차 변호사 신주영이 청소년들을 대상으로 헌법을 이야기한다. 우리에게 가장 중요한 권리, 즉 '인간을 인간으로서 살게 해주는 데, 인간을 인간답게 살게 해주는 데' 반드시 요구되는 인간의 존엄성과 기본권을 명시해놓은 '법 중의 법'으로서의 헌법을 강조한다.

026 아동인권 존중받고 존중하는 영혼을 위한

김희진 지음 | 240쪽

아동과 관련된 사회적 이슈를 아동 중심의 관점으로 접근하고 아동을 위한 방향성을 모색한다. 소년사법, 청소년 참정권 등 뜨거운 화두가 되고 있는 주제에 대해서도 '아동 최상의 이익'이라는 일관된 원칙에 입각하여 논지를 전개한 책.

027 카뮈와 사르트르 반항과 자유를 역설하다

강대석 지음 | 224쪽

카뮈와 사르트르는 공산주의자들과 협력하기도 했고 맑스주의를 비판하기도 했다. 그러므로 이들의 공통된 이념과 상반된 이념이 무엇이며 이들의 철학과 맑스주의가 어떤 관계에 있는가를 규명하는 것은 현대 철학을 이해하는 데 매우 중요한 열쇠가 될 것이다.

028 스코 박사의 과학으로 읽는 역사유물 탐험기

스코박사(권태균) 지음 | 272쪽

우리 역사 유물 열네 가지에 숨어 있는 과학의 비밀을 풀어낸 융합 교양서. 문화유산을 탄생시킨 과학적 원리에 대해 '왜?'라고 묻고 '어떻게?'를 탐구한 성과를 모은 이 책은 인문학의 창으로 탐구하던 역사를 과학이라는 정밀한 도구로 분석한 신선한 작업이다.

2015 우수출판콘텐츠 지원사업 선정작

029 케미가 기가 막혀

이희나 지음 | 264쪽

실험 결과를 알기 쉽게 풀어 설명하고 왜 그런 현상이 일어나는지, 실생활에서 어떻게 활용할 수 있는지, 친밀한 예를 곁들여 화학 원리의 이해를 돕는다. 학생뿐 아니라 평소 과학에 관심이 많았던 독자들의 교양서로도 충분히 활용할 수 있다.

030 조기의 한국사

정명섭 지음 | 308쪽

크기도 맛도 평범했던 조기가 위로는 왕의 사랑을, 아래로는 백성의 애정을 듬뿍 받았던 이유를 밝히고, 바다 위에 장이 설 정도로 수확이 왕성했던 그때 그 시절의 이야기를 중심으로 조기에 얽힌 생태, 역사, 문화를 둘러본다.

031 스파이더맨 내게 화학을 알려줘

닥터 스코 지음 | 256쪽

현실 거미줄의 특성과 영화 속 스파이더맨 거미줄의 특성 비교, 현실 거미줄의 특장을 찾아내어 기능을 업그레이드한 특수 섬유 소개, 거미줄이 이슬방울에 녹지 않는 이유, 거미가 다리털을 문질러서 전기를 발생하여 먹이를 잡는 이야기 등 가능한 한 많은 의문을 던지고 그 해답을 찾아간다.